北方工业大学　内蒙古工业大学　山东建筑大学　烟台大学　北京建筑大学

北京城市副中心运河中心商务区城市设计：
2021 年北方“四校 +1”联合城市设计

卜德清　王小斌　李海英　胡　燕　编著

中国建筑工业出版社

审图号：京S（2023）025号
图书在版编目（CIP）数据

北京城市副中心运河中心商务区城市设计：2021年北方“四校+1”联合城市设计 / 卜德清等编著．—北京：中国建筑工业出版社，2023.5
ISBN 978-7-112-28456-6

Ⅰ.①北… Ⅱ.①卜… Ⅲ.①商业区—城市规划—设计—通州区 Ⅳ.①TU984.13

中国国家版本馆CIP数据核字（2023）第039077号

责任编辑：刘　静
责任校对：张辰双

北京城市副中心运河中心商务区城市设计：
2021年北方“四校+1”联合城市设计
卜德清　王小斌　李海英　胡　燕　编著
*
中国建筑工业出版社出版、发行（北京海淀三里河路9号）
各地新华书店、建筑书店经销
北京雅盈中佳图文设计公司制版
北京富诚彩色印刷有限公司印刷
*
开本：850毫米×1168毫米　横1/16　印张：$7^3/_4$　字数：268千字
2023年6月第一版　2023年6月第一次印刷
定价：**118.00**元
ISBN 978-7-112-28456-6
（40932）

卷首语

北方四校城市设计联合教学活动从 2015 年开始，北方工业大学、山东建筑大学、内蒙古工业大学和烟台大学先后作为主办方，分别选择北京首钢工业园区、济南商埠核心区、呼和浩特席力图召—五塔寺传统片区、烟台太平湾滨海片区四个城市类型各异的具有代表性的城市空间和建筑类型作为设计的载体，已经成功举办了四届。不同院校的特色和差异形成优势互补，汇集了各校教学经验丰富的中青年教师，与学生之间做了充分深入的交流，开阔了视野，打造了高水平城市设计教学的典范，取得了良好的教学效果和丰富的教学成果，使各校建筑学专业的城市设计教学进入一个全新的阶段。通过四年的联合教学活动，逐步形成了稳定的交流平台和运行机制，实现了四校联合教学常态化，成为国内有代表性的联合教学平台之一，出版作品集五部，联合设计作业获得多项国家级和省部级教学奖项。

四校联合设计在 2020 年暂停一年，2021 年北方工业大学、山东建筑大学、内蒙古工业大学和烟台大学四所学校达成共识，希望继续举办四校联合教学，在新一轮的城市设计联合教学中推陈出新，进一步凝练主题，提升教学水平，使各校在教学和研究上形成合力，争取在全国范围内取得突破性的成果。新一轮四校联合设计延续上届轮值顺序，本届由北方工业大学主办，还邀请到北京建筑大学一同参加，形成北方“四校 +1”联合城市设计。

城市设计地点选址在北京城市副中心通州区运河中心商务区，正好位于五河交汇处、燃灯佛塔旁，北京大运河文化带的重要部分就在通州，而设计地段正是通州古城所在地，大运河文化遗产非常丰富。除了运河本身，通州还有大量的历史遗址、出土文物，如码头、桥梁、闸坝、古城、粮仓、古墓等，历史文化悠久，人文景观十分丰富。但目前古城风貌遭到很大程度的破坏，原有街区尺度空间已渐渐消失。

学生们在四年级时，设计研究对象开始从建筑单体转向城市街区，需要思考如何保护和延续历史文脉，如何把传统风貌和人文价值同快速发展的城市相结合，给街区注入活力。通过北京城市副中心运河中心商务区城市设计实践和相关理论的学习，同学们可以进一步从土地利用、功能定位、交通流线、历史文脉、遗产保护、重要节点和开放空间、景观系统、建筑容量和密度等城市设计要素深入分析研究，建立整体地解决复杂城市片区的综合设计能力。

李海英

目录

第1部分 时间轴

1 老师提前现场踏勘
——北方工业大学召集（2021 年 6 月 26 日）

五校参与联合教学的老师们提前来到北京通州运河商务区进行调研，运河两岸、燃灯塔及通州古城旧址、五河交汇处周边接近 50 公顷的较大区域都是老师们行走的范围。通过实地走访，最终确定城市设计任务书的选定范围在运河岸边紧邻燃灯塔的位置，面积定在 15~30 公顷之间。

2 线上选题报告会
——北方工业大学主办（2021 年 7 月 1 日）

参与“四校 +1”联合城市设计的四年级学生举办线上选题报告会。主办方北方工业大学的王小斌老师发布设计任务书及教学计划，各校老师和学生们进一步明确调研地点、调研要素及设计内容。这次的线上会议为实地调研开始之前，各校能够利用暑假期间积极准备调研资料，开学后立刻投入实地调研和设计中打下基础。

3 学生调研及开题汇报——北方工业大学主办（2021年9月5日~9月9日）

9月5日，主办方北方工业大学首先进行了线上任务布置并叮嘱了调研注意事项，9月7日一早，五校学生汇聚通州运河中心商务区。此次调研和以往不同，采用混编分组，即每个小组5名成员，分别由5个学校的同学组成。这样分组的目的是在京同学可帮助京外同学做后续的补充调研。在随后2天的密集开题准备中，每个小组的5名同学都进行了充分、深入的沟通交流。

开题汇报的日期是9月9日，在北方工业大学建筑系报告厅进行。经过对地块的历史沿革、空间结构、交通系统、环境景观等进行梳理，学生不仅体会到通州商务区的街区风貌，而且系统了解了北京市的总体规划、通州副中心规划，以及运河文化、通州当地的历史遗迹与人文景观，并提出了初步的设计构思，保证了后期城市设计工作的顺利开展。

4 中期线上汇报
——内蒙古工业大学召集（2021 年 10 月 8 日）

中期汇报由内蒙古工业大学承办，开题后分组又回归到本校同学。各个小组都拿出了较为完整的方案及深化策略，地块的空间形态、道路交通系统、建筑要素特征、滨水空间、景观通廊等各个设计方面都得到了深化。五校各具特色，师生深入交流，为下一阶段最终成果的高质量呈现打下坚实的基础。

5 终期线上汇报
——山东建筑大学召集（2021 年 10 月 29 日）

在短短不到两个月的时间里，五校学生拿出的成果令人振奋。北方工业大学的图纸调研范围广，工作量大；山东建筑大学思路清晰，设计创意强；内蒙古工业大学思路逻辑清晰，表现力强；烟台大学理论性强，分析透彻；北京建筑大学系统性强，表达有深度。五校学生博采众长，拓宽了城市设计的深度和广度。在调研、思考、研究、交流、碰撞、融合、再探究、再思考的过程中，大家苦着累着，但观察能力和思考习惯已经在整个过程中建立，这正是进行联合教学的目标。

第2部分　城市设计任务书

1 设计题目

北京城市副中心运河中心商务区城市设计

2 教学目的与要求

本选题为真实工程项目，建设地点位于北京，目前处于策划设计阶段。

2.1 教学目的

四年级建筑设计课程的重点是城市设计和大型公共建筑设计专题。通过该课题的训练，使学生掌握：

（1）正确认识城市设计与城市规划、建筑设计的关系，树立全面、整体的“城市设计观”，了解城市设计的基本目标、原则及社会、经济、文化内涵。

（2）掌握城市设计的基本内容、方法与工作程序，以城市设计的基本理论为基础，学习运用多种设计要素进行相应的规划设计。

（3）掌握城市开放空间（如广场、公共绿地等）的设计内容。

（4）综合处理功能技术与较复杂、造型要求较高的高层公共建筑群体形态、功能安排、交通疏散、开放空间等问题，以及大型公共建筑单体与高层综合楼的设计方法。课题强调各种相关学科、相关专业的交叉，树立综合意识和广义环境意识，培养学生解决综合设计问题的能力。

2.2 教学要求

对城市群体建筑及城市空间要素进行调查、分析研究，结合城市设计的基本概念和方法组织好群体建筑与单体建筑的功能布局，对城市体形环境进行正确且有艺术创造力的设计。课程教学过程中重点应注意以下几方面的学习。

2.2.1 在工作方法层面，有以下几个目标

（1）充分了解和掌握城市设计的基本概念和思考方法，从城市区域规划、总体规划、详细规划到城市设计，与建筑设计之间建立正确的联系方法，从城市和街区中群体建筑关系的协调和对话中，按设计任务要求来设计群体建筑，通过实践加深理解，将理论和实践紧密结合起来。初步掌握联系实际、调查研究、群众参与的工作方法，有能力在调查研究与收集资料的基础上，拟定设计目标和设计要求。

（2）从建筑学的视角出发，关注单体建筑包括综合体与各种类型的建筑，关注城市设计的宏观、中观与微观层面的综合联系，使建筑学的学生都能了解和掌握在城市设计导则及相关城市规划要点的基础上，正确并有创造力地设计群体建筑与单体建筑形态。

（3）充分了解和掌握设计功能技术复杂、造型要求较高的高层公共建筑群体形态组织、功能安排、交通组织与安全疏散、开放空间、绿化与景观设计等问题，以及大型公共建筑单体与高层综合楼的设计方法。

（4）城市设计不能脱离国家和地域的历史文化发展的客观现实，因此，在具体的城市设计实践中，要加强对城市设计任务所在地段和城市历史文化的研究与关注，从中发现有特色和有价值的设计理念，并具体应用于实际的方案设计中。

2.2.2 在设计层面，需要处理好本地段与周边城市环境的各种关系

（1）处理好与周边城市建筑及空间肌理的关系、图底关系。

（2）处理好基地与周边城市交通的关系，包括车行交通和人行交通。

（3）处理好基地与周边城市民众生活的关系。

（4）处理好群体形象与地块周边建筑群体形体环境的关系。

（5）处理好地段业态功能与周边城市功能的关系。

2.2.3 在深化设计阶段，应处理好以下关系

（1）场地设计：综合地段的地形条件、规划条件、规范要求，周边城市建筑环境、交通环境，处理好建筑总体布局及地段内外的人、车流交通布局，主、次入口的设置，场地停车设计，绿化环境设计。

（2）建筑设计：正确理解相关规范与指标，组织好各功能空间的组合及主次流线关系。综合建筑总平面、平面、立面的设计，塑造室内外协调统一的空间组合和外观造型。

（3）技术设计：鉴于大型公共建筑构成的综合性、复杂性，应注重结构选型、设备选型对设计构思、空间处理的影响，并结合智能、节能、生态等原则进行设计。

3 项目基地概况

该项目位于北京市通州区北关片区的通州运河中心商务区（图1），本次用地调研范围是西起新华北路、南到新华东路、东至北运河文化广场、北到源头岛北岸温榆河旁，面积约50公顷的区域，实际的城市设计范围建议至少为15公顷（图2）。

近五年来，北京新城建设的重心向通州倾斜，集中力量聚焦通州，拟尽快形成与首都发展需求相适应的现代化国际新城。通州新城核心区将北移至温榆河、通惠河、小中河、运潮减河、北运河“五河交汇”处，面积由原规

图1 项目区位图

图2 建议城市设计总用地面积至少15公顷（粗红线范围内）

划11.8平方公里扩大到48平方公里。在北京市建设世界城市的背景下，对通州提出了“要根据城市总体规划，找准功能定位，充分利用运河丰富的文化资源和突出的区位优势，瞄准世界一流水平，高起点、高水平谋划新城发展，高标准推进新城建设，努力建成世界一流水平的现代化国际新城”的要求，要把通州新城建设成为践行“人文北京、科技北京、绿色北京”理念的典型示范区。运河核心区将承载新城总体规划的主要职能，是“十二五”期间重点发展的区域。为此，通州区委、区政府对沿河地区做了大量的拆迁及土地储备工作，同时积极开展了中心区及运河核心区规划研究。规划通州中心区占地面积48平方公里，包括运河核心区、协同发展区、生活配套区和发展备用区。其中运河核心区占地面积16平方公里，是文化底蕴深厚、环境景观独特、区位优势明显、适宜优先启动的重点区域。通过对中心城及周边新城产业格局的分析研究，我们认为，运河核心区的产业应与金融街、顺义空港区和亦庄高新技术产业区错位经营，承担CBD东扩的疏解功能，发展与之配套的现代服务业。主要包括商务办公、会议展览、文化娱乐、商业餐饮等产业，充分利用通州运河文化、水资源优势和优越的区位条件，打造环境独特、极具魅力，集商务、消费、服务于一体的运河北京文化商务中心区，拓展和补充北京中心城功能，吸引高端企业和消费人群，带动地区经济发展。

运河滨水区是近期规划重点，由文化商务休闲区、高端商务办公区、会展综合服务区三部分组成。文化商务休闲区是古潞水汇集之地，曾是大运河转运码头，取名为潞港。主要功能包括文化博览区、运河水乡区、商务酒店区。文化博览区设于中心岛上，四面环水，植被丰富，景观宜人。规划运河博物馆成为视线焦点。“一枝塔影认通州”，运河水乡区则位于燃灯塔四周，西侧集合辽塔（燃灯佛舍利塔）和西海子公园规划运河码头游览区，东侧毗邻大运河规划水上休闲娱乐区。利用运河交汇形成的水面开阔、景色秀美的三角洲地段集中安排高端商务办公区、会展综合服务区、商务酒店服务区，成为核心区的基本业态功能内容。

本次城市设计提供调研用地范围约 50 公顷，其中用地地块的功能性质有很多内容，五位同学为一组进行调研。同学们可以根据现场调研情况，选择自己感兴趣的地块来从事城市设计，原则上必须有 15~18 公顷用地做中心商务区建筑体型环境设计，具体地块设计的业态构成可以根据调研和研究分析，提出自己的设计内容和各个业态的面积组成，其成果也可以作为通州区政府规划建设部门在未来实际开发和建设的参考。

4 调研指导

4.1 调研包括实地调研和案例调研两部分

（1）实地调研：完成一手资料的收集、整理和分析。

（2）案例调研：选择若干相关案例进行分析总结。

（3）检索、查阅城市设计经典理论进行学习。

4.2 以前期确定的研究视角或方向为出发点，开展调研

（1）初步调研：初期调研主要确定设计地段和核心问题。

（2）深入调研：根据对问题的不断深入分析，进行深入的数据收集和整理、分析、归纳。

（3）调研和设计相辅相成：通过调研总结问题，获得设计方向或策略。

5 规划要求

5.1 功能

北京城市副中心运河中心商务区城市设计主导功能为商务中心、综合楼、基地办公楼，包括商务办公、公共服务、会议展览、文化娱乐、商业餐饮、五星级高层酒店等。

5.2 要求

（1）处理好道路及交通关系，处理好建筑群体空间关系与形象。

（2）处理好该地块内外部动静交通，尤其要解决好基地的交通关系。

（3）整体构思、功能布局应有新意，功能设置与空间形象应有创意。

（4）调研、分析并确定基地内建筑群的基本业态和组成比例。

5.3 规划设计要点

（1）用地总面积：调研用地范围约 50 公顷，建议城市设计总用地面积至少 15 公顷。

（2）容积率（高层商务区地块）：1~1.2。

（3）建筑密度：<35%。

（4）绿化率：≥ 35%。

（5）建筑总高度：<80 米。

（6）后退红线距离：东、西、南、北退道路红线 20 米。

（7）根据规范及方案需要，确定合适的停车数量、平均层数及各类建筑的总建筑面积。

6 成果要求

成果包括城市设计的相关图纸、模型及规划设计说明。图纸应至少包括以下内容。

6.1 现状调研阶段

（1）区位及分析图：包含现状用地区位、历史文化、交通、景观及设计定位等分析，要求各个分析图的比例一致。

（2）现状建筑质量评价图：现状建筑质量至少分 3 级进行评价，即质量完好、一般、较差，要求结合建筑的照片进行分析说明，图纸应标注相应的建筑名称及建筑层数，或单独列表加以说明。

6.2 方案构思与分析阶段

各类分析图及设计构思、理念。分析图应包括规划结构、功能分区、交通（含设施、静态交通及公交站点）、开敞空间设计及景观分析，以表明合理的设计定位及独特的构思。

（1）规划设计分析图及必要的说明分析图（比例不限）。

（2）规划结构分析图：应全面明确地表达规划的基本构思、用地功能关系和社区构成、规划基地与周边的功能关系、交通关系和空间关系等。

（3）道路交通分析图：应明确表现出各道路的等级、车行和步行活动的主要线路，各类停车场地的规模、形式和位置。

（4）绿化系统分析图：应明确表现出各类绿地的范围、绿地的功能结构和空间形态等。

（5）空间形态分析图：应明确表现规划的空间系统、建筑高度分区、景观结构，以及与周边城市空间的关系等。以上图面若不能完整表达规划意图时，可在图中附加文字说明。

6.3 城市设计阶段

（1）城市设计总平面图：总平面图应明确标注用地内的停车场、主要

出入口位置、绿化、景观设计等内容，应较详细地表达公共空间与环境，对于建筑则应达到体块控制的深度。图纸应标明用地方位和图纸比例，风玫瑰图、指北针，所有建筑和构筑物的屋顶平面图，建筑层数，建筑使用的性质，主要道路的中心线，停车位（地下车库及建筑底层架空部分应用虚线表现出其范围），室外广场、铺地的基本形式等。绿化部分应区别乔木、灌木、草地和花卉等，用软件填色。

（2）重要的剖面图：图中应注明各剖面部分的功能和轴线尺寸；规划中的特征性空间均应表现。

（3）城市设计总体鸟瞰图：要求绘制精细，色调协调。

（4）高度分区图（可选）：要求清晰表达该区域的高度控制。

（5）城市设计要素控制导引（可选）。

（6）重点地段详细设计：选取重要的核心地段进行深入设计，要求完成建筑形体、公共空间设计，绘制透视图。

（7）景观小品。

（8）沿街立面或天际线控制图：选取重要的景观节点（或核心区）进行较深入的设计。

（9）完成建筑的体块示意及透视图。

（10）标示主要空间界面（主要街道、广场、水岸等）建筑群体的高度轮廓控制线（建筑高度不得超越或低于此线），表达建筑群体的立面形象、色彩及风格特征。

（11）经济技术指标及设计说明：

· 总用地面积（公顷）；
· 停车位（辆）；
· 平均层数（层）；
· 各类建筑总面积（平方米）；
· 建筑总面积（平方米）；
· 容积率；
· 退距：建筑退各条道路边界线；
· 建筑密度（%）；
· 绿地率（%）。

6.4 说明部分及成果答辩

编制规划说明书，各阶段成果严格按照规定的格式及要求排版并提交。

7 推荐参考书目

（1）王建国著，《城市设计》（第三版），东南大学出版社，2001年。

（2）[美]路易斯·芒福德著，倪文彦、宋峻岭译，《城市发展史——起源、演变和前景》，中国建筑工业出版社，1989年。

（3）[美]凯文·林奇著，项秉仁译，《城市的印象》，中国建筑工业出版社，1990年。

（4）[美]阿摩斯·拉普卜特著，黄兰谷等译，张良皋校，《建成环境的意义——非言语表达方式》，中国建筑工业出版社，1992年。

（5）[日]芦原义信著，尹培桐译，《街道的美学》，华中理工大学出版社，1989年。

（6）[美]E. D. 培根等著，黄富厢等编译，《城市设计》，中国建筑工业出版社，1989年。

（7）方可著，《当代北京旧城更新——调查·研究·探索》，中国建筑工业出版社，2000年。

（8）金广君著，《图解城市设计》，中国建筑工业出版社，2010年。

（9）吴良镛著，《广义建筑学》，清华大学出版社，1989年。

（10）徐思淑等著，《城市设计导论》，中国建筑工业出版社，1991年。

（11）夏祖华、黄伟康编著，《城市空间设计》，东南大学出版社，2002年。

（12）[美]Roger Trancik（罗杰·特兰西克）著，谢庆达译，《找寻失落的空间——都市设计理论》，田园城市文化事业公司，1996年。

（13）Kevin Lynch，《A Theory Of Good City Form》，Mit Press，1981年。

（14）吴志强、李德华主编，《城市规划原理》，中国建筑工业出版社，2010年。

（15）[美]唐纳德·沃特森等编著，刘海龙等译，《城市设计手册》，中国建筑工业出版社，2006年。

（16）[美]克莱尔·库珀·马库斯等编著，俞孔坚等译，《人性场所——城市开放空间设计导则》，中国建筑工业出版社，2001年。

（17）《城市规划学刊》《城市规划》《理想空间》《规划师》等规划类期刊、杂志。

（18）《建筑师》《时代建筑》《新建筑》（中国）《建筑创作》《建筑学报》《华东建筑》《城市建筑》等建筑类期刊、杂志。

（19）《a + u》《新建筑》（日本）等国际著名城市规划与建筑学期刊、杂志。

城市设计专题课程教学计划（北京城市副中心运河中心商务区城市设计）

时间	作业名称	排版规格	表现形式	备注
	阶段 1　设计问题解析			
第 1 周	（1）任务解读：实地调研 ・理论授课：安排本学期的任务，进行设计题目讲解，布置本学期的课程安排；讲解城市设计概论，城市设计经典理论学习。	分析图 调研报告 （正式）	演示文件（PPT）	学生现场调研，在一周之内进行学生汇报、课堂讲评
第 2 周	（2）思考核心问题 ・讲解现状调查的基本方法；布置详细踏勘任务要求。 ・分组现场踏勘，收集数据和相关资料，完成拟选择地段的相关分析。 ・在调研基础上，思考并提取核心设计问题，完成对设计问题的初步解读。		手绘、模型 （不限比例和材料）	
	阶段 2　设计方案推演论证			
第 3 周	（1）城市设计构思 ・汇报概念模型成果，教师组织集体讲评。 ・完成相关设计构思的推导图纸。 ・以手工模型辅助思考并推敲规划结构。	概念模型 方案推导（草图）	手绘、模型 （不限比例和材料）	课堂讲评 学生汇报
	（2）城市设计构思深化 ・提交设计构思二草，汇报各自的完整设计构思。深入发展和延伸空间形态，进一步形成整体空间结构和开放空间意向。 ・设计构思调整和比较：就前期构思存在的问题进行分析比较，调整构思方案。	概念模型 方案推导（草图）	手绘草图	
	（3）城市设计总体方案确定： ・确立城市设计总图的框架，形成较明确的空间形体。	A1 号图纸排版总体方案 （草图）	CAD 绘图	
	阶段 3　集中评图			
第 4 周	正式图纸绘制 ・局部调整，进行细部设计，进行城市设计的总体和各系统图纸的绘制。	A1 号图纸排版	CAD、SketchUp 绘图 （模型不限比例和材料）	严格要求 设计深度
	阶段 4　城市设计成果深化			
第 5 周	（1）交通专题 ・提交城市设计平面二草。 ・深化道路交通与流线设计。	A1 号图纸排版	CAD、 SketchUp、 Photoshop 绘图	
第 6 周	（2）景观设计专题（上） ・提交道路交通规划图。 ・专题①：讲解城市公共开放空间设计的基本方法，确定重点地段景观设计意向。 ・专题②：形成景观设计平面布局。	A1 号图纸排版	电脑或 手工模型	
	阶段 5　城市设计成果表现			
第 7 周	（1）景观设计专题（下） ・专题③：进一步完善和深化与公共开放空间相连的建筑空间。布置城市设计最终成果要求。	A1 号图纸排版		
第 8 周	（2）空间形态设计专题 （3）成果提交 ・完成系列图纸和设计说明。 ・完成成果模型。	A1 号图纸排版 A1 号图纸 4 张， 制作答辩演示文件	电脑或手工模型	总成绩由 上述部分组成

第3部分　城市设计成果

北京城市副中心运河中心商务区城市设计

还古续今观

北方工业大学一组

甘雨　崔瀛　王卅　许梦竹

还古续今观 1

设计思路：
在我们小组参考完上位规划后，定下该设计的基调为“借古还今”。设计核心区主要为复原古城，保留整个北京城的肌理，延续南边 18 个半截胡同的整体结构。为了深化设计，主要将古城复建部分分为四大模块，从东到西依次为码头文化展览区、古城复建核心区、新式古城商业区及基础服务设施区。北方的西海子公园没有进行大规模改动，燃灯塔则是参考吴晨院士对“三庙一塔”的改动。再北方是商务核心区，主要承担设计范围内的商务作用。商务区分为三大模块，从北到南分别为商务核心区、综合商务区、文化游览区。设计风格从北到南、从西到东为从新式到仿古式的设计。

还古续今观 2

位置及 SWOT 分析

用地位置：北京市通州区

S
1. 大运河和通惠河为地块提供历史文化和景观特色。
2. 地块北侧有通燕高速，方便周边的人来往，增强区位流动性。

W
1. 地块各项基础设施不足，很难满足人们的日常需求。
2. 缺少与周边的联系。

O
1. 原如意园和长安园地块设计存在潜力。
2. 应充分发挥对于滨水地区的利用和设计。

T
1. 大运河和通惠河为地块提供历史文化和景观特色。
2. 西海子公园和燃灯塔可以作为城市节点和地标，同时对可持续发展有重要影响。

设计用地现状

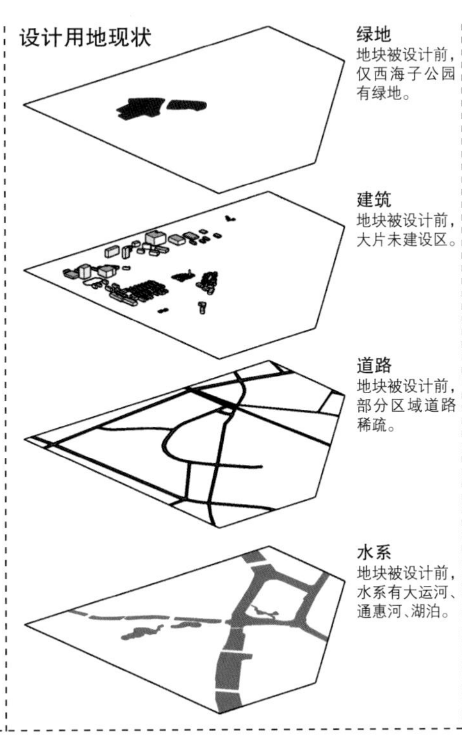

绿地
地块被设计前，仅西海子公园有绿地。

建筑
地块被设计前，大片未建设区。

道路
地块被设计前，部分区域道路稀疏。

水系
地块被设计前，水系有大运河、通惠河、湖泊。

上位规划

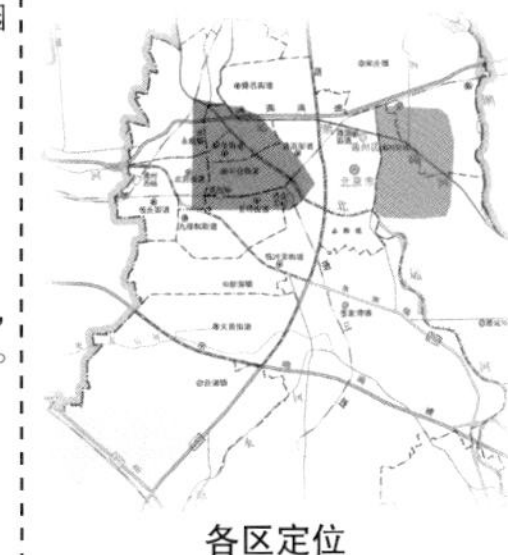

各区定位

周边距离

北三县：河北省廊坊市下辖的三河市、大厂回族自治县、香河县通常称为北三县。三河市下辖的燕郊开发区距离北京城市副中心最近。

资料来源：北京市规划和国土资源管理委员会，北京市通州区统计局。

绿道系统

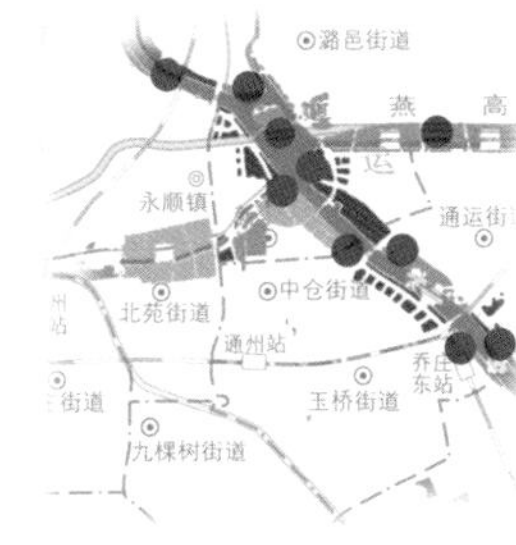

滨河空间和休憩节点

风貌分区

上位规划规定设计用地应为商务区，兼顾各个区域的联系和协调发展，创造滨河景观和历史文化风貌。

设计用地分析

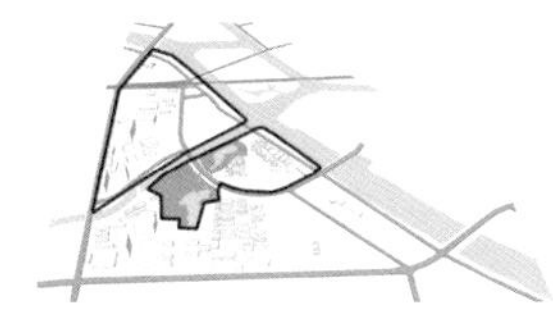

边界
通惠河、大运河、西海子公园为主要的边界。

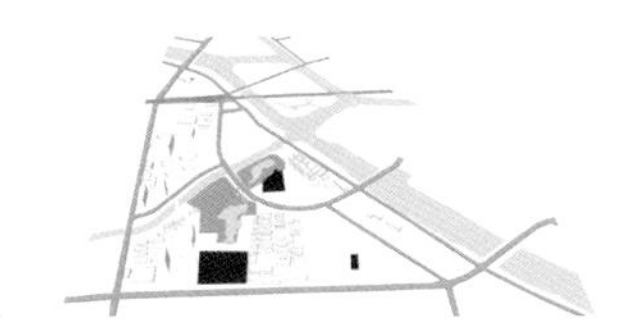

保留
“三庙一塔”、贡院小学、静安寺等历史建筑需要保留。

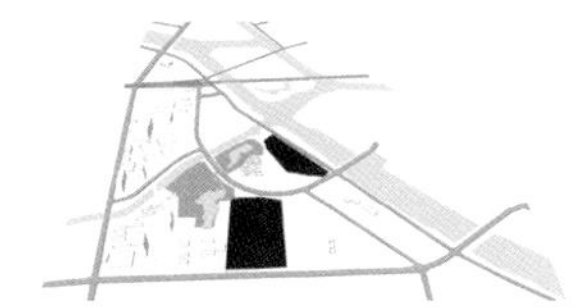

拆除
南部的老旧小区将被拆除。运河边的未审批建筑不保留。

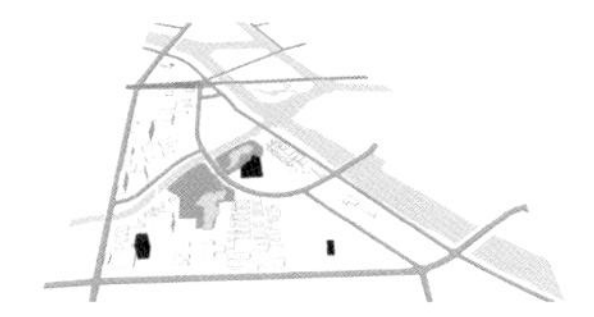

地标
区域内地标建筑是富有历史色彩的燃灯塔、静安寺和贡院小学。

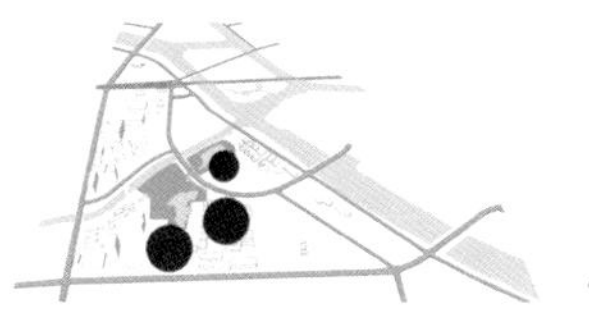

节点
“三庙一塔”、贡院小学、老旧小区为现存的主要节点。

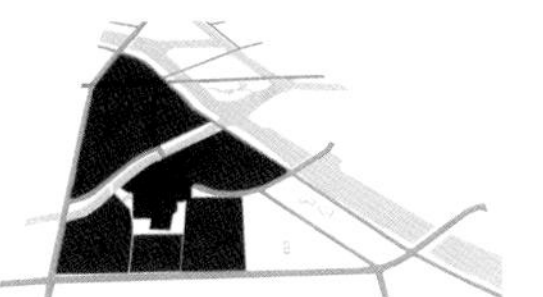

区域
功能不同，包括学校、居住、休闲、待开发区等。

地块服务人群的需求和活动分析

工作的人

办公

交谈

休闲

用餐

为长期在此工作的人提供高品质的办公和生活服务。

居住的人

购物

运动

聚会

学习

为居住在附近的人提供多彩的生活活动功能，加强文化和学习功能。

来此出差的人

商务

聚餐

培训

开会

为来此地出差的人提供高效的办公空间。

旅游观光的人

住宿

游玩

餐饮

购物

为旅游观光的人提供文娱活动，展现副中心实力。

还古续今观 3

古城功能分析

官府
多位清代大臣及将军曾居住在通州，有浓厚的官府文化。

要塞
国依兵而立，通州为漕运中心，全国的交通枢纽，自古是兵家必争之地。

粮仓
民以食为命，大运中仓、大运东仓、大运西仓、大运南仓四大仓储横跨新老城通州城的空间分布。

漕运
食以漕运为本，漕运之便，泽被运河两岸。

宗教
通州为交通枢纽，人流量大、复杂，不同民族、宗教的人皆在此聚集，有浓厚的宗教文化氛围。

古城遗迹分析

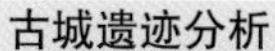

城市要素分析
通州古城的许多古迹都已经被破坏，但城市的道路肌理基本被保留了下来。如今还能看到古时的粮道。

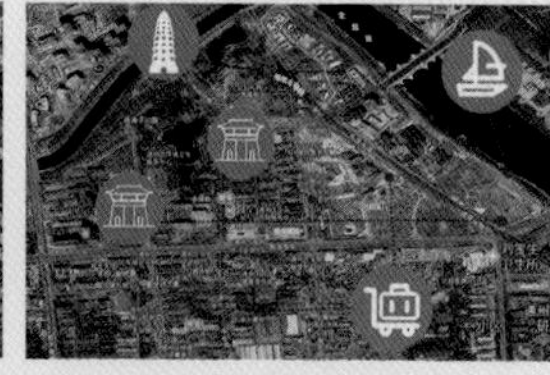

城市地标的保护和利用
清朝以后，古城中的许多建筑都被破坏。如今遗留下来的唯有三庙一塔。项目将复建重要的古迹。

城市功能的恢复
通州作为大运河的终点，承担了漕运的功能。如今虽然不再需要运送货物，但可以恢复码头，开展游船活动。

古城规划

地理位置
西起新华北路，南到新华东路，东至北运河广场，北到源头岛北岸温榆河旁。

上位规划
通州城市规划对地块功能作出规定。以城市副中心为核心目标，承担首都的疏解功能。

老城边界
图示为根据考古城墙遗址及历史资料分析确定的通州城区老城边界。

古城历史发展及遗迹保护

清朝

民国

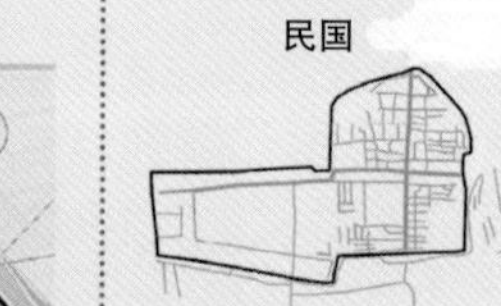

新中国成立初期

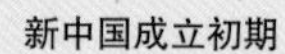

图示为通州城内历史古迹位置，红色较为重要，蓝绿色为较次要古迹。

清朝时期通州古城的面积很大，然而从民国开始，通州古城的面积开始不断缩小，古迹也逐渐被破坏。我们会在设计中修缮一些古迹。

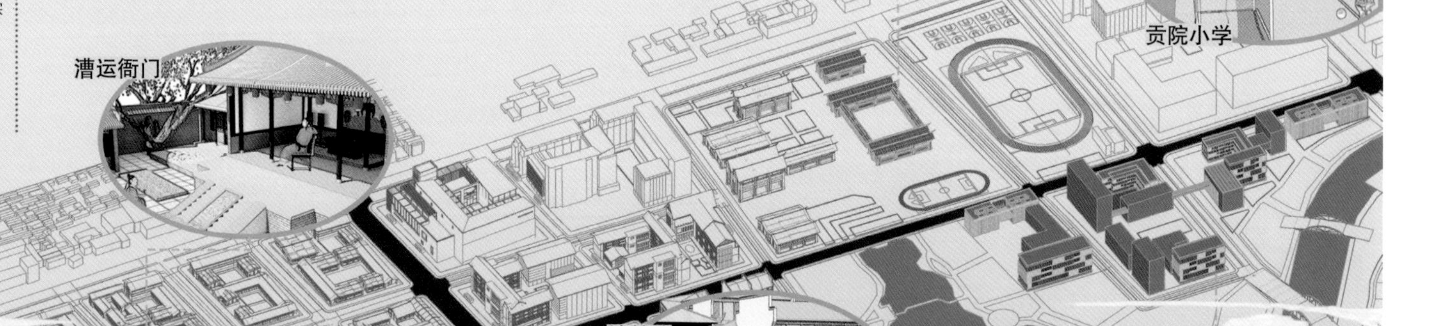

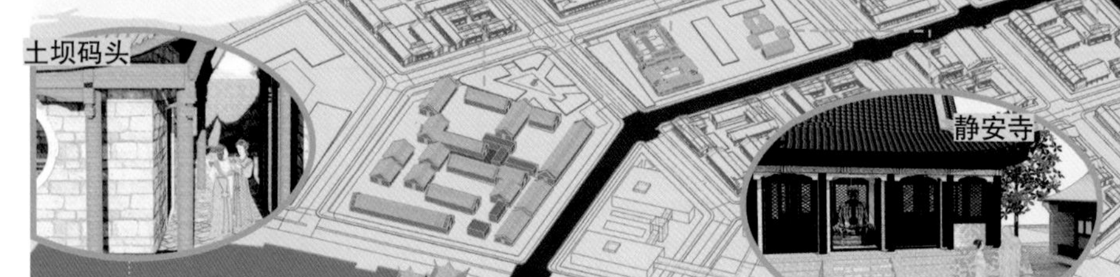

还古续今观 4

经济指标：

核心区
容积率：0.82
建筑密度：18.52%

商务区
容积率：5.30
建筑密度：24.89%

公共空间占比：5.64%
绿地率：33.53%

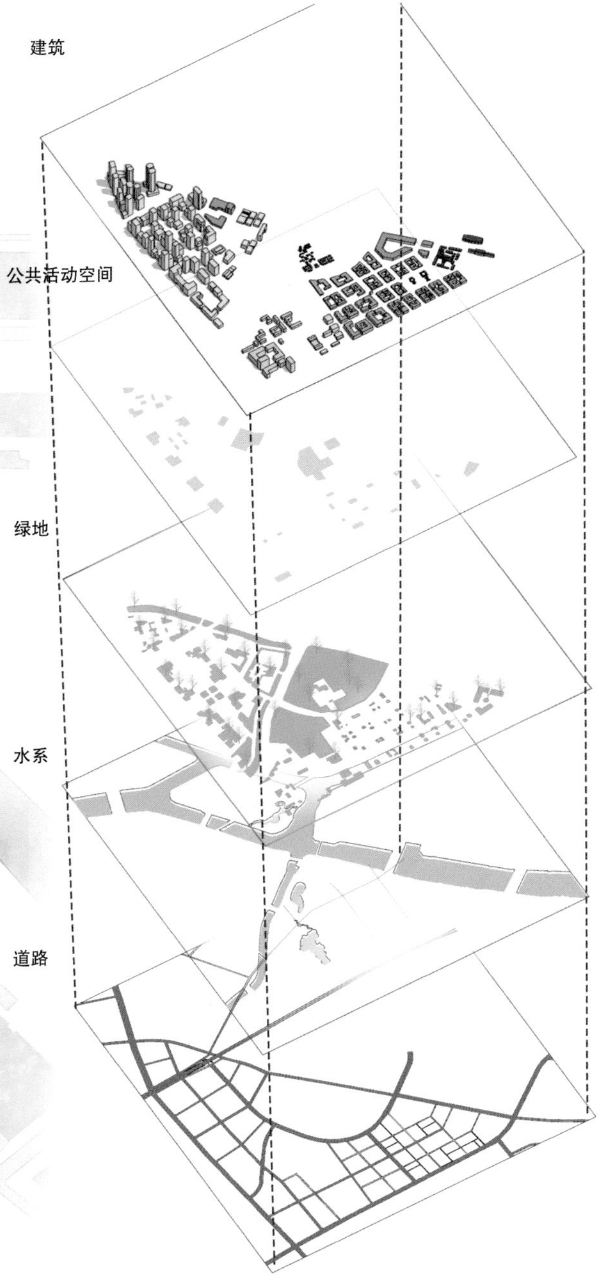

还古续今观 5

城市鸟瞰图

城市主要分为两个部分，北部的高层商务区和南部的古城商务区。两部分以通惠河为界线对望。城市主要功能为商务，其景观美好、交通便利、基础设施完善，是适宜人生活和工作的地方。

城市组团与各带设计分析

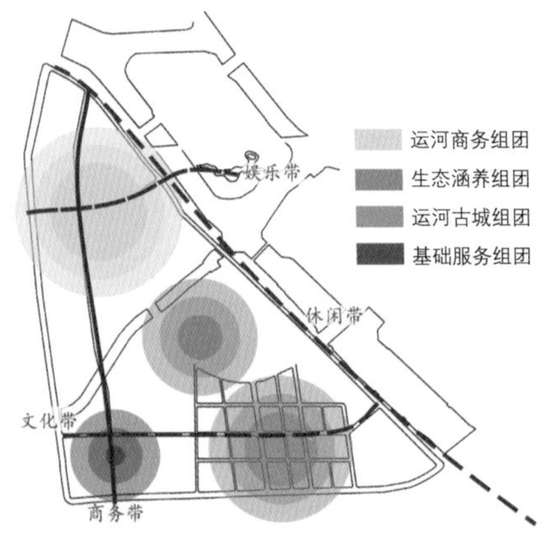

城市依据功能和位置可分为四个组团和四个条带。

四团：运河商务组团在北部，主要为高层和超高层办公建筑，主要提供办公场所。生态涵养组团为西海子公园和燃灯塔，人们可在此处休闲。运河古城组团主要在南部的中间位置，是复建古城组成的低层商务区。基础服务组团主要为养老院、学校、超市等基础设施。

四带：商务带贯穿南北，贯穿商务建筑。娱乐带上遍布商场、酒店、KTV、酒吧等娱乐设施。休闲带沿着运河，提高景观质量，放松心情。文化带上分布着古城和静安寺历史建筑。

四团和四带交错呼应，使得城市生活多姿多彩。

城市建筑高度分析

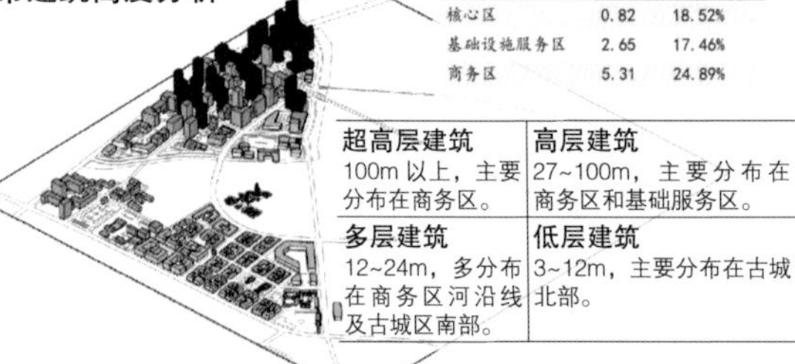

	容积率	建筑密度
核心区	0.82	18.52%
基础设施服务区	2.65	17.46%
商务区	5.31	24.89%

城市爆炸图

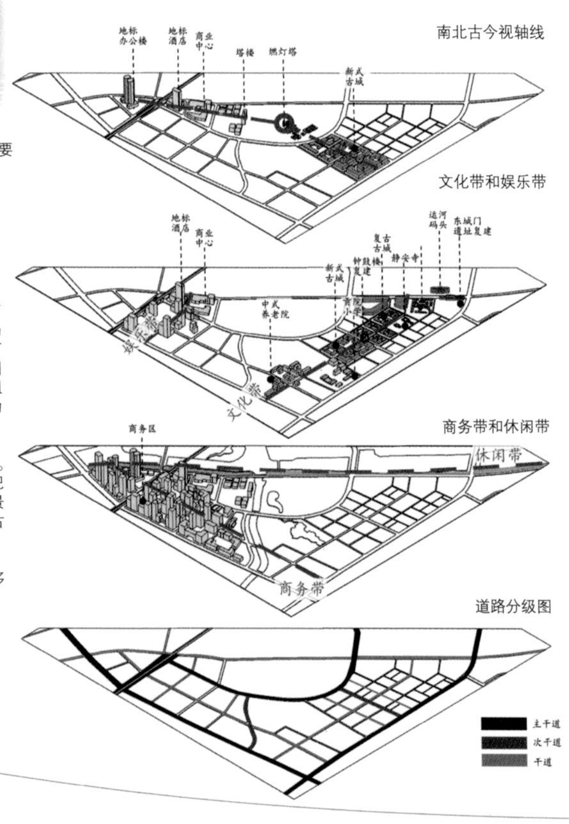

道路分级系统

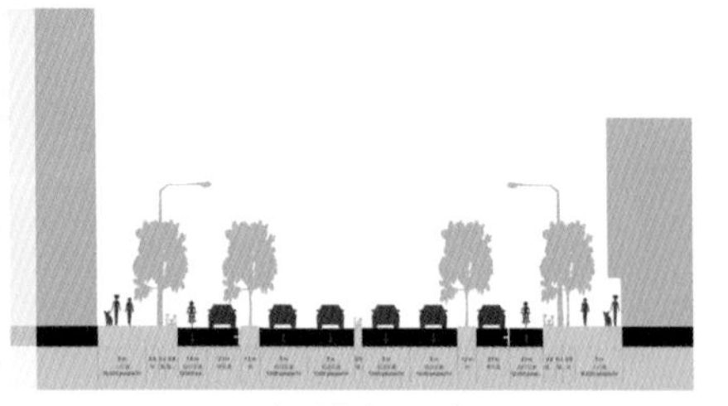

主干道（33m）

次干道（24m）

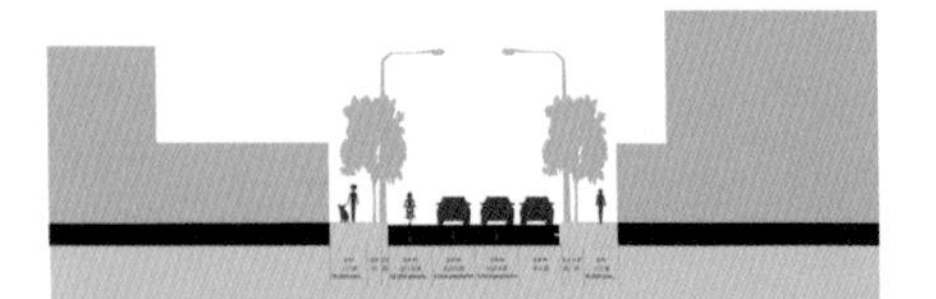

干道（16m）

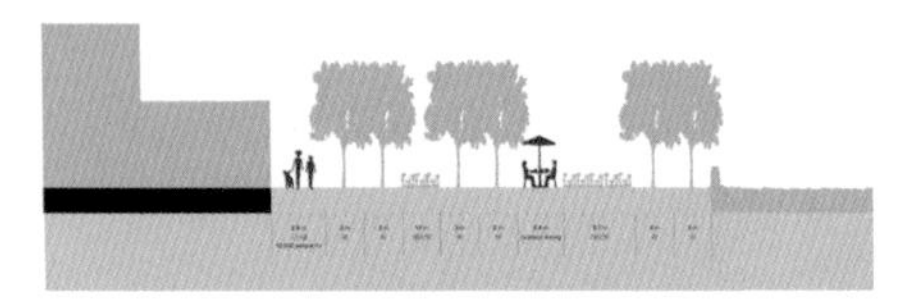

滨河慢行道（20.8m）

还古续今观 6

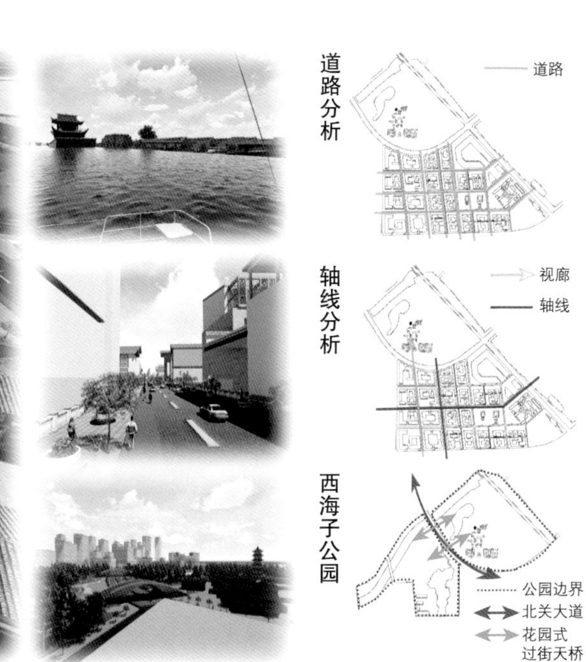

建筑形态演变

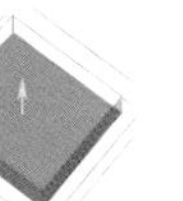

1. 确定道路，以及与道路平行的建筑边线
2. 确定建筑高度
3. 确定地块中间的步行道
4. 合院形式初步成形

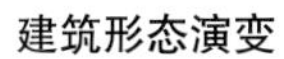

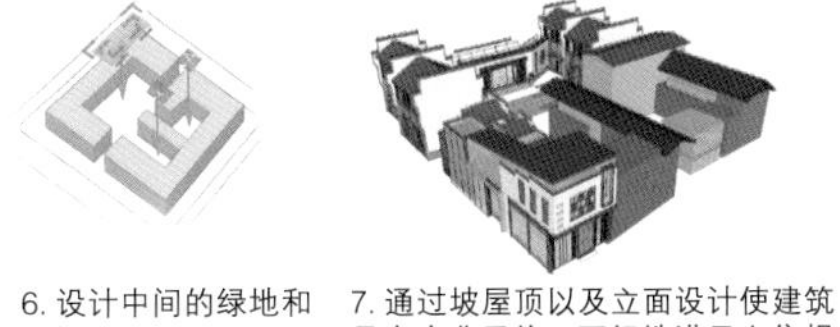
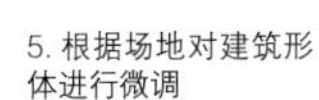

5. 根据场地对建筑形体进行微调
6. 设计中间的绿地和广场
7. 通过坡屋顶以及立面设计使建筑具有古典风格，更好地满足上位规划，体现历史文化风貌

立面分析

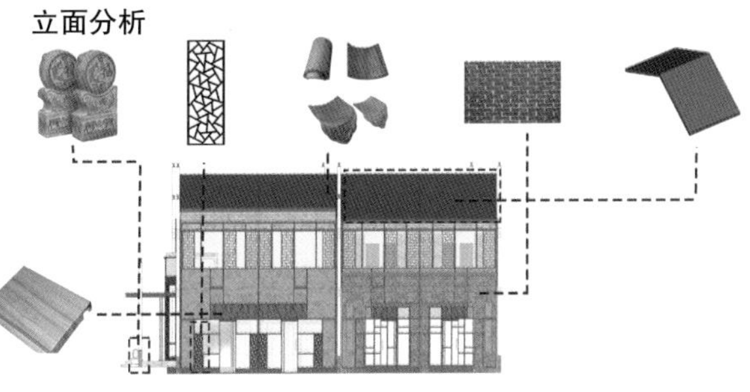

建筑在形态和高度上与古代建筑有一定差别。为了让建筑更具古风，我们在建筑立面上加入了格栅、青砖、坡屋顶等元素。

古迹分布

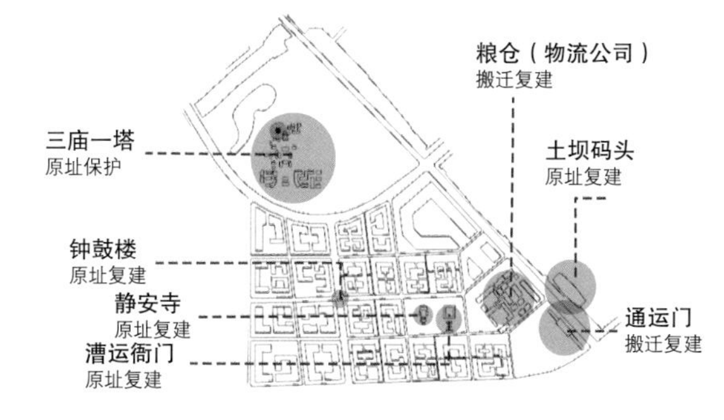

中轴天际线分析

还古续今观 7

运河文化广场

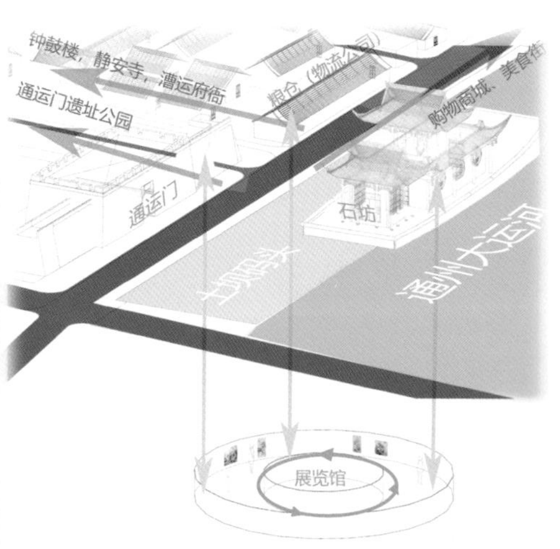

我们在原址上复原了土坝码头、通运门、粮仓、漕运府衙等古迹。由于码头和通运门之间有一条很宽的道路将其他古迹和大门隔离开，为了形成一个舒适的参观路线，我们做了地下空间的设计：利用一个环形的地下展厅，将几个地块联系在一起，保证安全的同时不降低人的游览体验。

土坝码头
通运门遗址
道路
游览及休闲娱乐区

八工坊 《礼记·曲礼下》："天子之六工曰：土工、金工、石工、木工、兽工、草工，典制六材。"郑玄注："此亦殷时制也，周则皆属司空。土工，陶旗也。金工，筑冶凫栗锻桃也。石工，玉人、磬人也。木工，轮舆弓庐匠车梓也。兽工，函鲍韗韦裘也。唯草工职亡，盖谓作萑苇之器。"

办公时间多为下午和晚上
户外休闲空间，给紧张和疲乏的工作带来轻松感

建筑要求：绿色建筑节能环保、可持续发展

商务且高端，可以邻近酒店

包括新闻出版业、广播电视电影和音像业、文化艺术业和娱乐业
户外大屏幕展示电影等广告

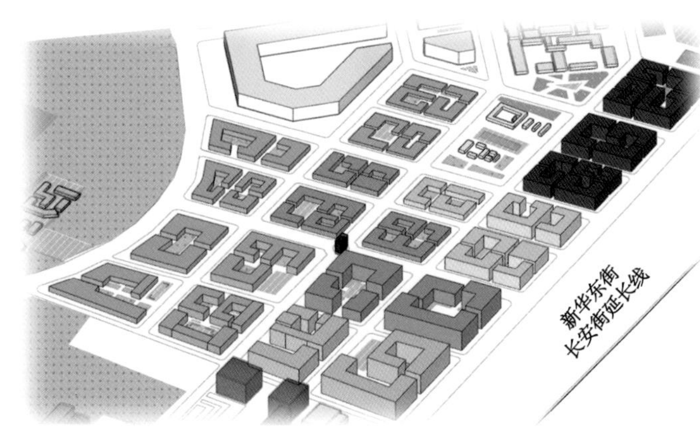

教育培训：需要大空间用于成人培训、会议、教育活动
户外：儿童、成人等学习活动空间；室内：大尺度空间

健康医疗：包括咨询、诊所，要有康复花园

老年用品：无障碍设计。低层用于售卖，上面几层可以作为产品的设计和研发。可邻近养老院

生物技术：经常有国内外专家学者来此学习或交流

功能占比

（单位：平方米）

商务

46 千 (11.8%)
13 千 (3.5%)
18 千 (4.6%)
62 千 (15.9%)
50 千 (13.0%)
33 千 (8.5%)
75 千 (19.5%)
90 千 (23.2%)

还古续今观 8

从燃灯塔看商务组团城市风貌

从西海子公园看商务组团城市风貌

鸟瞰整片商务组团

河面上看商务组团风貌

从远处看商务组团风貌，商务区与整个城市融为一体

高度分析

北高南低逐级递减，西高东低逐级递减，这是因为光照以及滨河景观原因。建筑高度前后交错。高层和超高层建筑成点式塔楼，不会让人有遮天蔽日的感觉。

地标分析

沿燃灯塔视觉通廊，遍布着一些地标，包括商业综合体、办公楼、酒店。这让燃灯塔轴线的城市作用最大化。除燃灯塔视廊外，商务区也有其他地标。

地上车行道分析

地上车行道呈网状分布，网格大小基本相同，交通便利。道路密度与地块和建筑相关联。

空中步行道分析

为了方便区块和建筑间的步行交通，设计了地上步行道系统。地上步行道与各个区块的公共空间和建筑内部相联系。

城市风貌

商务区建筑整体上北高南低，高层和超高层建筑呈点状分布。各个区块上建筑呈围合状分布，中间形成公共开放空间。风格现代。

围合分析

位于商务区南边，以十字交通为核心，被底层裙房围合。内部区域联系感加强，适合为商业和基础设施服务。

位于商务区中间，以十字交通为核心，被高低参差不齐的塔楼围合。内部区域联系感加强，适合为休闲娱乐和商务办公服务。

位于商务区北边，以十字交通为核心，被很多超高层塔楼围合。内部区域联系感加强，适合为商务办公服务。

功能分析

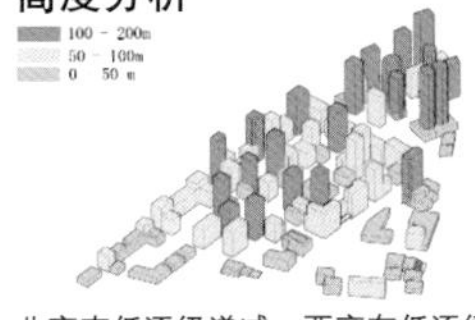
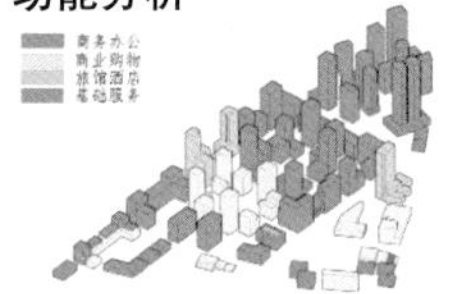

商务区主要为人们提供商务办公服务。配套的服务还有旅馆酒店、商业购物及一些基础设施。人们购买商品、娱乐休闲不需要驱车去别的地方。来此出差的人可直接入住酒店，工作便利。

区块分析

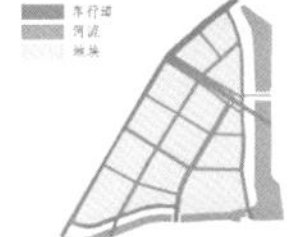
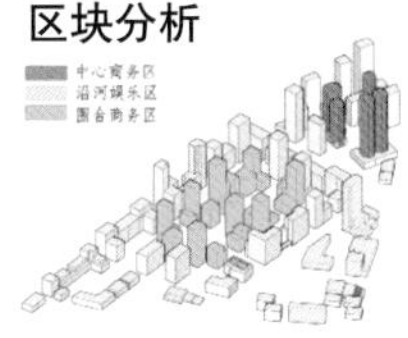

商务区组团内部依旧可以被细分为几个区块。中心商务区在地块最北边，建筑高度不受采光影响出现很多超高层建筑。沿运河区域有美丽的景观，依此生成了休闲娱乐区。

地下通道分析

地下通道成片的区域为地下停车场。呈网状分布的为地下商业区。地下空间由地下通道连接，呈贯通状态。

地上步行道分析

地上步行道遍布区块。道路旁边的人行道可快速把人带到目的地。各个地块中心的公共空间也由慢行道贯通起来。

围合分析

红色围合区域设计了地上地下空中步行系统，加强联系。蓝色围合区域是把各区块通过中心公共空间连接；黄色围合区的建筑形态呈围合状。

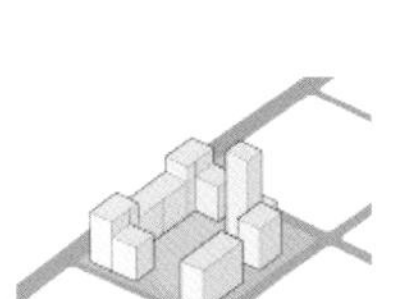
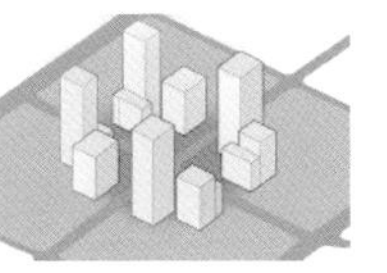

中心公共空间仅有两个出入口，私密感较强。适合被相同功能类型的建筑围合，为少数特定人群服务。

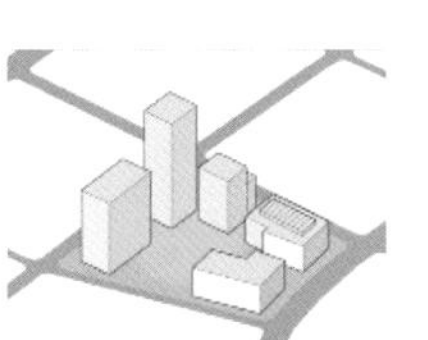

中心公共空间有多个出入口，开放感较强。适合被不同功能类型的建筑围合，为大量不同人群服务。

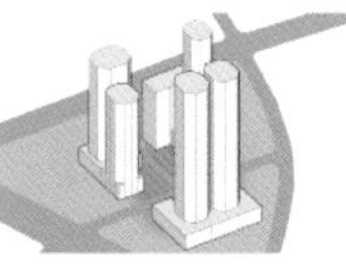
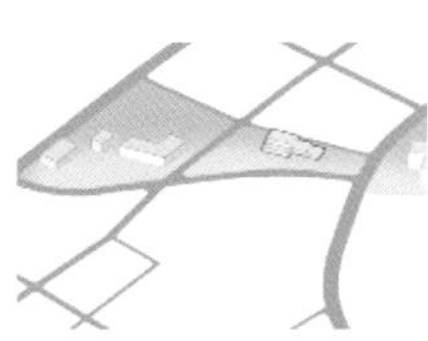
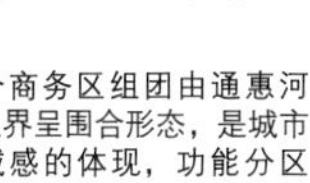

整个商务区组团由通惠河为边界呈围合形态，是城市区域感的体现，功能分区明朗。

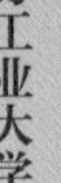

还古续今观 9

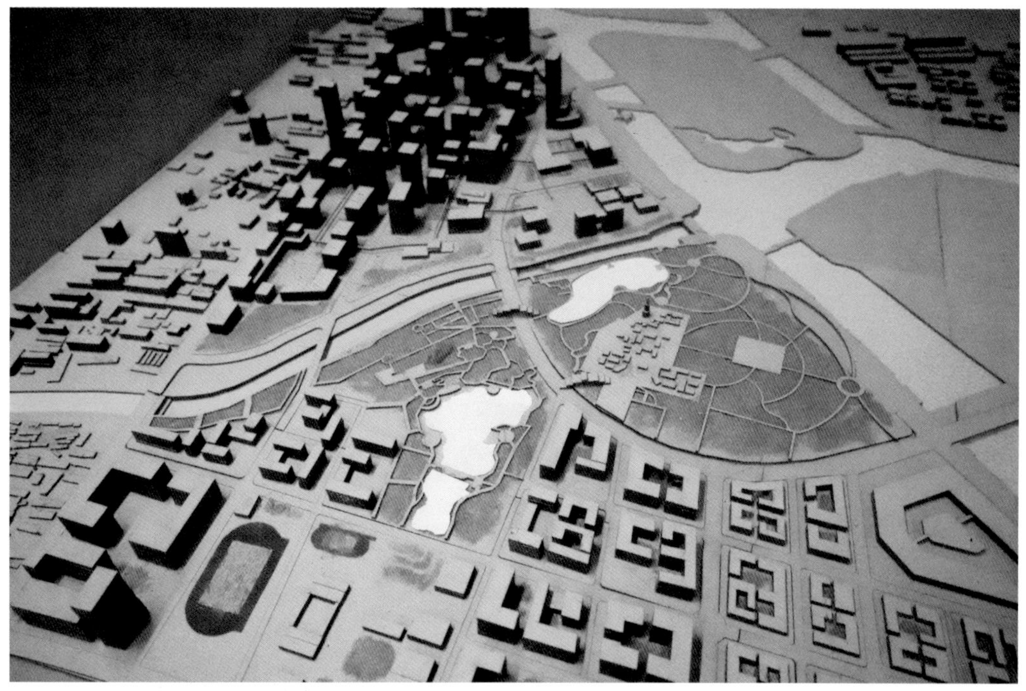

小组成员介绍

组长：甘雨
城市设计对于我们学建筑学的同学来说是十分具有挑战性的。城市设计的设计范围很大，任务量很大，然而留给我们设计的时间却只有半个学期。时间很紧，任务量极重。非常感谢我的组员的付出。这次的城市设计是与其他几个学校的联合设计，非常荣幸能够与他们一起工作、相互学习。在完成项目的过程中，我与我的组员都充分地体会到了“指点江山”的魅力。

组员：崔瀛
在这次城市设计任务中，我学习了很多，如了解到城市设计规划需要按照城市的地理位置以及功能需求进行设计，而且学习到城市设计的模块化、区域化设计知识，了解了城市设计中对道路设计的重视。除此之外，这项学习任务也极大地锻炼了我的建模能力及画图能力。

组员：王卅
在这次城市设计任务中，我领悟了很多。城市规划设计需要兼顾很多方面，例如人口类型、建筑形式、道路形式、现存问题、城市地理特征和气候环境、城市未来的发展需求和功能需要等，不但要宜居宜业，也要环境、经济可持续发展。我还了解到不同的城市有不同的底蕴和背景，这些也在一定程度上左右其发展。学习这些让我深深地感受到城市规划设计的魅力。我会不断提高自己的图面表达能力和知识储备，探索研究城市规划设计的新领域。

组员：许梦竹
通过这次城市设计项目的学习，我对城市设计有了更深刻的理解。我对城市的认识不再局限于某一栋建筑、某一条街道，而是学会了更加全面、整体地看待一个城市的布局。一个城市的设计不是规划师凭空想象的，而是由这个城市的经济、自然、人口、生态、功能、环境等因素决定的。整体性的规划是一个城市生存与发展的关键，更是一个学生宝贵的学习机会。这次学习使我受益良多。

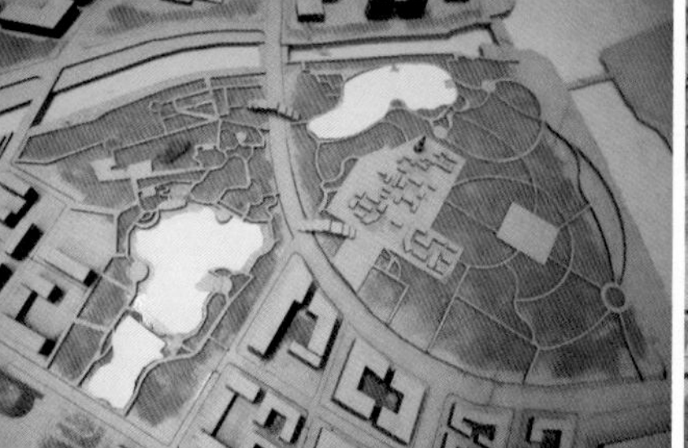

北京城市副中心运河中心商务区城市设计

通轴故里

北方工业大学二组

符钟元　何雪筠　文雨嫣　李雪丽

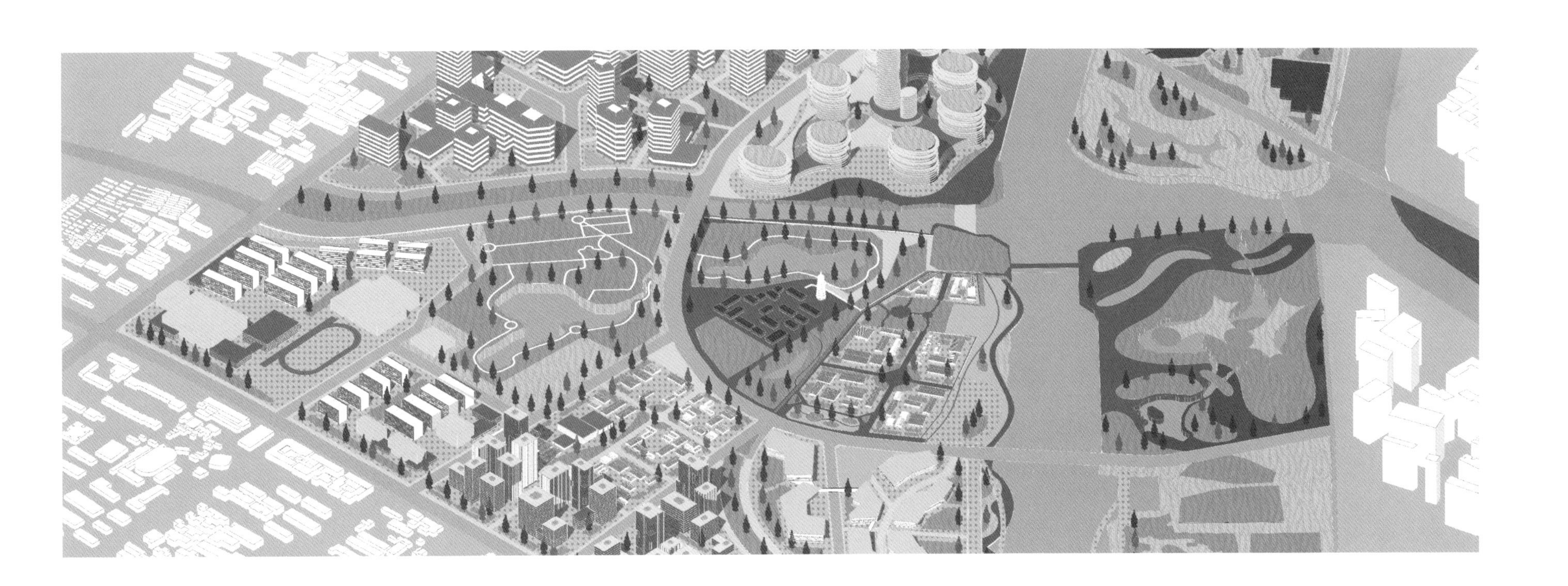

通轴故里 1

设计说明

本设计旨在北京城市副中心——通州五河交汇区打造运河活力生态城区。在设计理念上：打造城市副中心通州古城及运河文化名片；完善沿河两岸及重要节点的滨水建筑、广场以及绿化等景观系统；打造商业商务中心区，带动周边经济发展及区域活力；处理好城市历史与城市未来的和谐发展等。在规划策略上：“一中心圈”，即以五河交汇处为中心，中心南北方向圈内范围形成历史文化街、景观生态公园。中心圈内，河流交汇处东、西、南、北建筑及功能相互呼应；“两视线轴”，即以五河交汇点与燃灯塔建筑群视线连线向南北方向延伸，形成垂直于长安街沿线新华东街文化景观视线轴，以燃灯塔为地标、中高层商业区为背景；“慢行景观道”，在运河沿岸及景观生态广场处设置慢行景观道，供自行车及行人漫步于各节点，更好地体会运河城市与建筑的魅力。

方案生成

发现问题

当地居民及外来人群对通州古城及运河的文化历史了解不足，且无渠道和媒介进行系统了解。

邻近运河两岸私人建筑过多，影响了“三庙一塔”的区域规划，弱化了该区域的公共空间与古建周边环境的秩序性。

当地的人口老龄化带来的区域功能“老龄化”，使得整片区域的使用功能单一化。

区域内交通道路路网排布较密，但其人行道路及部分车行道存在道路不连续的问题，且缺少交通漫步道路的设置。

城市及区域的上位规划目标实施不准确，存在大量影响该区域未来规划及发展的不适宜的建筑群及公共设施。

城市的历史文化与现代规划发展的冲突与矛盾没有得到合理的处理与规划。

解决策略

打造城市副中心通州古城及运河文化名片，利用该区域的特殊性及重要性进行强目的的规划。

在该区域设计并完善沿河两岸及重要节点的滨水建筑、广场及绿化景观系统，形成城市绿化带。

在重要道路及节点周边打造商业商务中心区，带动周边经济发展及区域活力。

完善区域道路交通路网，增加部分符合规划的车行及人行道路，着重规划人行及非机动车行的交通系统。

以通州古城、京杭大运河河道及五河交汇为重要保护对象，处理好城市历史与城市未来的和谐发展。

方案生成

围绕“三庙一塔”古建群及运河形成古城运河文化街区。

运河沿岸及五河交汇处设计滨水广场及景观绿化系统。

打造年轻、现代化的商业商务中心。

设计城市区域慢行系统加强节点游览性。

设置活力广场、公共空间节点。

完善城市副中心绿化带。

形成以五河交汇为中心的城市历史及未来的发展轴线。

联通区域的滨河视野，加强节点景观及建筑的可视性。

轴测图

通轴故里 2

区位概况

该项目位于北京市通州区北关片区的通州运河中心商务区，西起新华北路、南到新华东路、东至北运河文化广场、北至源头岛北岸温榆河旁，占地约 50 公顷。在北京市建设世界城市的背景下，要把通州新城建设成为践行“人文北京、科技北京、绿色北京”理念的典型示范区。

历史沿革

通州自古以来在北京乃至华北地区都占有很重要的地位，其现在的发展更受重视。近五年来，北京新城建设的重心向通州倾斜，集中力量聚焦通州，尽快形成与首都发展需求相适应的现代化国际新城。

区域特点

北京的战略“东进”与京津冀都市圈的优化将北京区域经济的腹地扩大到京津冀，至渤海层面，形成与长三角、珠三角相媲美的新增长、利用大的区域力量，促进北京参与全球竞争。

作为京杭大运河北端的起点，与运河相关的历史文物是通州最具特色的文化优势，也是通州历史文化街区最宝贵的历史资源符号。其丰富的运河文化遗产主要可分为以下几种类型：运河古河道、闸坝、码头、桥梁等水利设施，漕运仓储，运河管理衙署等古建筑遗址，与通州相关的文化与宗教，通州古城历史文化街区等。

在北京城市发展轴上，通州存在着一定的机遇。自天安门往东的长安街延长线上有着著名的中央电视台大厦、北京站及古老的燃灯塔和京杭大运河。

· 清真寺传统居住组团

自辽、元以来，有阿拉伯人在此经商，逐渐聚居于清真寺传统居住区，使其产生了建筑、文化、宗教等异域特点。

· 运河文化旅游商区

运河的开发与利用让该片区形成了多样的地形地貌，沿河与大型绿化区域也形成了旅游文化商区。

· 古建筑文化街区

在古城遗址中，有很多通州传统民间艺术街区、中小型文化博物馆等特色历史文化街区。

场地分析

公园广场

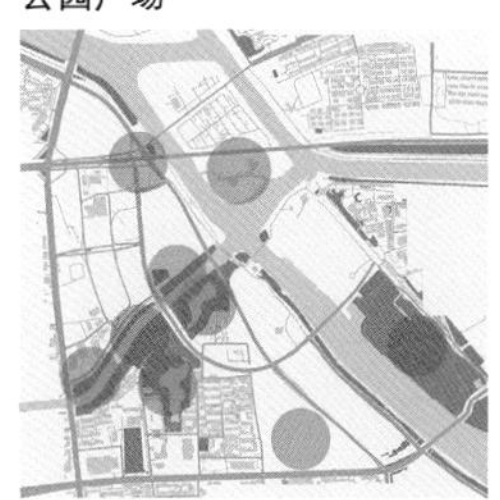

绿化面积较大，分布在沿河两侧及建筑周边

教育设施

多为幼儿园、小学、体育场，无中学及大学

文化设施

分布有通州博物馆、“三庙一塔”等文化建筑

生活设施

生活设施较齐全，如医院、商场、酒店等

现状评估

场地建筑

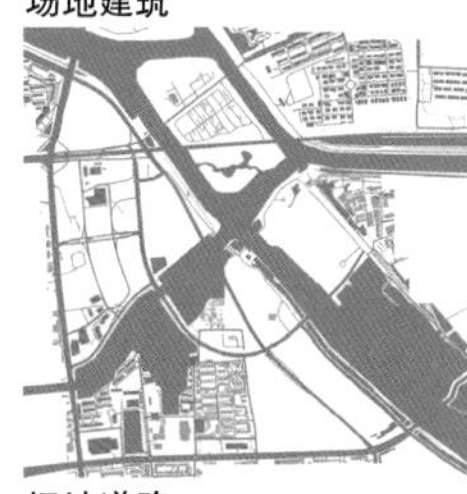

场地水系

场地道路

场地绿化

待开发用地
古建保护区
中低层居住区
公共服务功能用地
高层商务商业用地
万科大都会滨江
华侨中心
绿地中央广场
燃灯塔
吉祥园
如意源

区域场地的建筑分布较稀疏，还存在未建成建筑与待规划地块；场地交通道路网存在断面，还待完善；水系主要从五河交汇处向内陆作引水处理；场地绿化分布在文化古建筑及沿河周边，部分大片绿地分布在居住区及河岸的运河文化广场处。

“三庙一塔”作为地标性建筑是运河文化景区的重要组成部分，被保留修缮得很好；周边有大片待开发用地和私人别墅住宅；现存小区建成年代较早，公共服务设施不完善。

道路现状

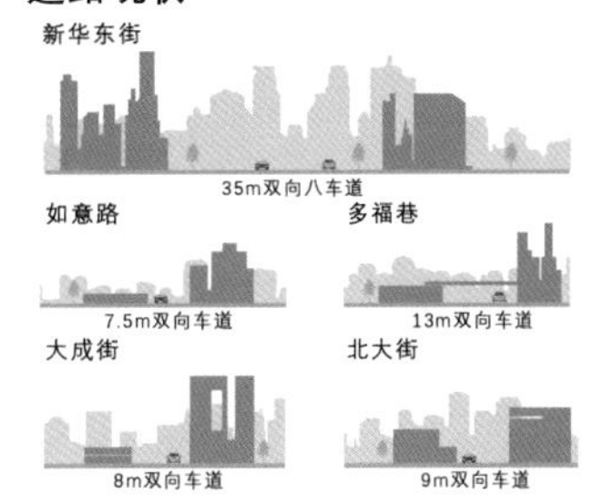

人群活动

区域地段内的人群活动大多分年龄段进行：小孩的主要活动需求是上学、公园玩耍及家庭娱乐；年轻人的主要活动需求是上班、逛街购物及遛宠物等；老年人的主要活动需求是在公园广场等公共空间跳广场舞、合唱及锻炼等。

通轴故里 3

总平面图

图示指标

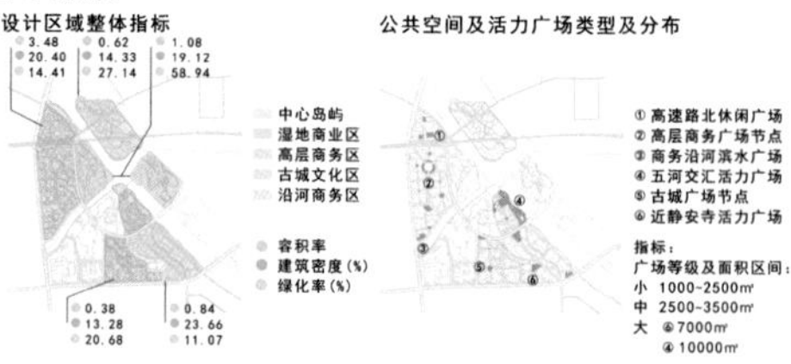

策略规划

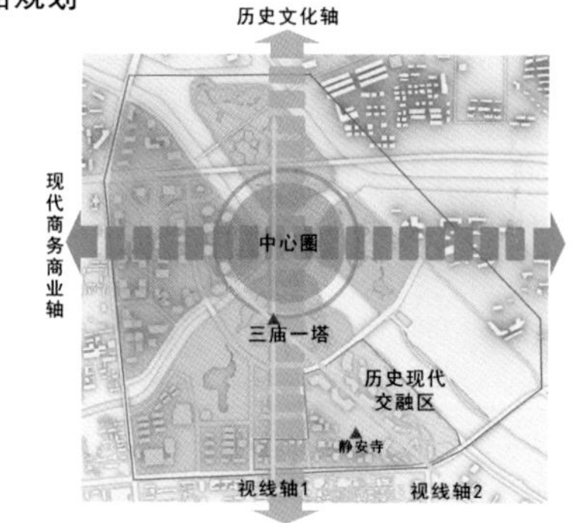

一 中 心 圈：以五河交汇为中心，南北方向形成中小型历史文化街、景观生态公园；东西方向形成中、高层商业建筑群及湿地公园；在中心圈内，河流交汇处建筑及功能相互呼应。

两 视 线 轴：以五河交界处为中心的南北线垂直向和东西线水平向的视线轴。

历史文化轴：北面岛屿建设历史及运河文化展馆，燃灯塔周边设立历史文化街区，在视线与功能上形成历史文化轴线。

现代商务轴：燃灯塔东河岸建设商务商业区，多为中、高层建筑，西河岸建设城市生态湿地公园，两者作为南北轴燃灯塔景观视线轴背景，体现了历史、现代及生态元素的交融。

功能业态

场地功能分布关系

强调五河交汇中心对于通州区城市副中心的重要性，再考虑河流干道、地理区块、周边联系及场地原有建筑的功能和重要性等因素，对所需功能进行分配和布置。

场地功能占地指标

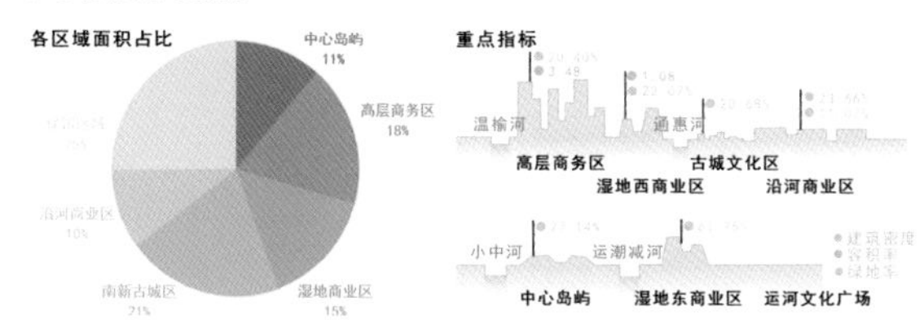

在满足设计要求、城市需求的基础上，更加强调文化的延伸和运河与城市的交互。其一是为了生态绿化能够以五河交汇中心为起点渗透进城市中；其二是为了能够打破各功能区的边界，让不同功能可以最大限度地满足人们的需求。

场地功能使用人群及功能关系

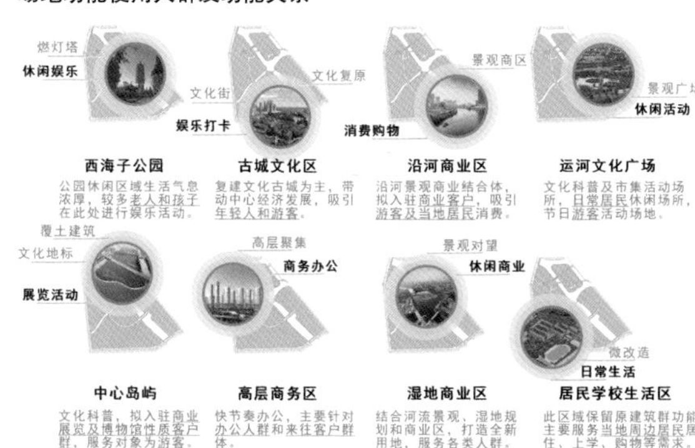

交通系统

爆炸交通层级分析

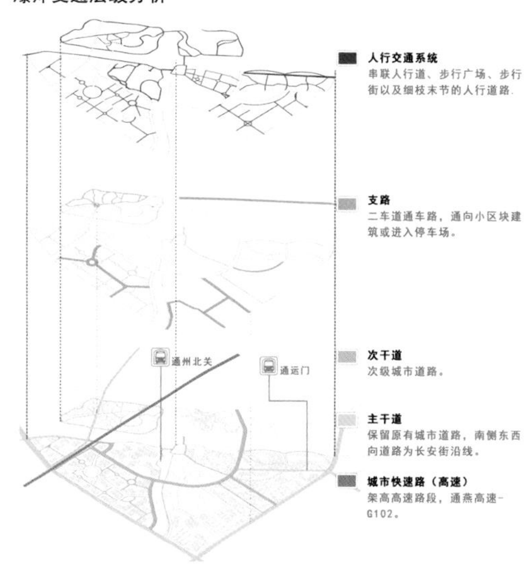

慢行系统

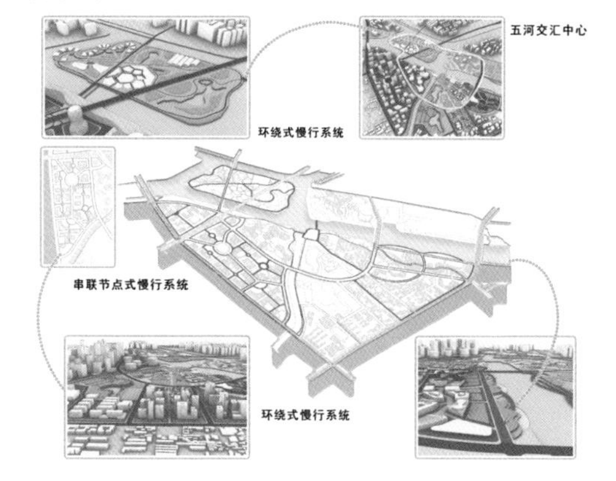

慢行系统的定义

街道不只是城市的交通走廊，也是人的交往活动空间。作为绿道串联媒介——城市慢行系统，就是把步行、自行车等慢速出行方式作为城市交通的主体。

慢行系统的应用

我们在城市设计中引入慢行系统的概念，其原因是：首先，能有效解决快慢交通冲突、慢行主体行路难等问题，打造安全、通畅、舒适、宜人的出行系统，形成快慢相宜、刚柔并济的宜居城市交通体系。其次，在本应是快节奏生活的城市副中心区营造出同样重要的“慢行生活”，从而将其与通州河流及绿化相结合，快慢结合，提升居民、上班族等人群的幸福指数。

绿化景观

河道绿化景观

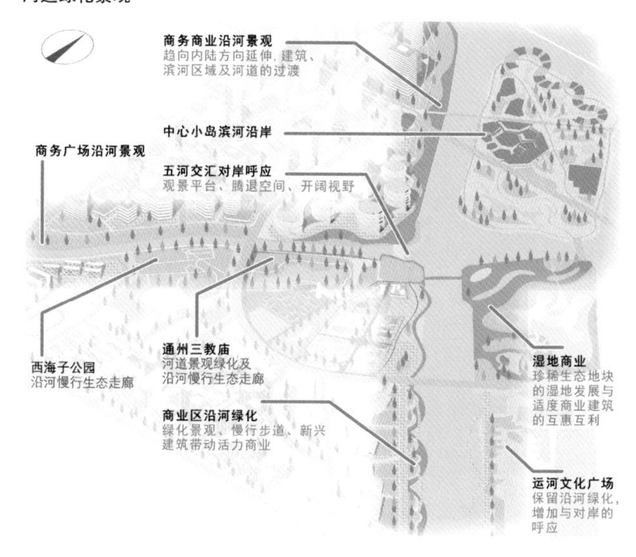

公园绿化景观

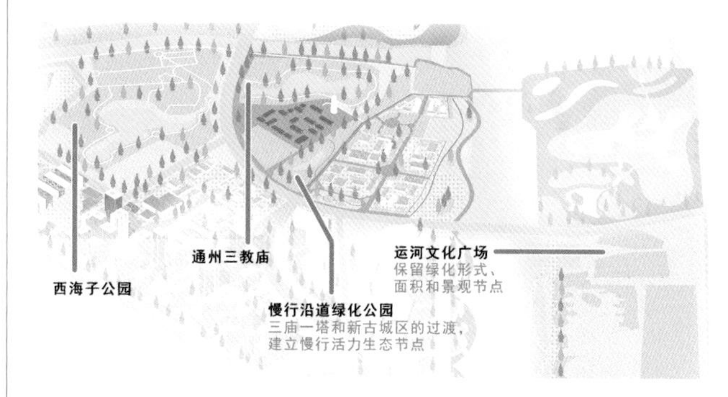

城市绿化景观

高层商务区
- 以广场节点及慢行道沿路为主建立带状绿化
- 以区块为单位设置建筑包围绿地形式绿化
- 城市快速路两侧防尘隔声绿化带
- 沿河方向滨河广场绿化

古城文化区
- 燃灯塔轴线的沿路绿化带及建筑退线
- 小区域活力绿化节点
- 长安街→新华大街沿街绿化和底商
- 过渡至西海子公园和静安寺的绿化景观

通轴故里 5

红线区域总平面图

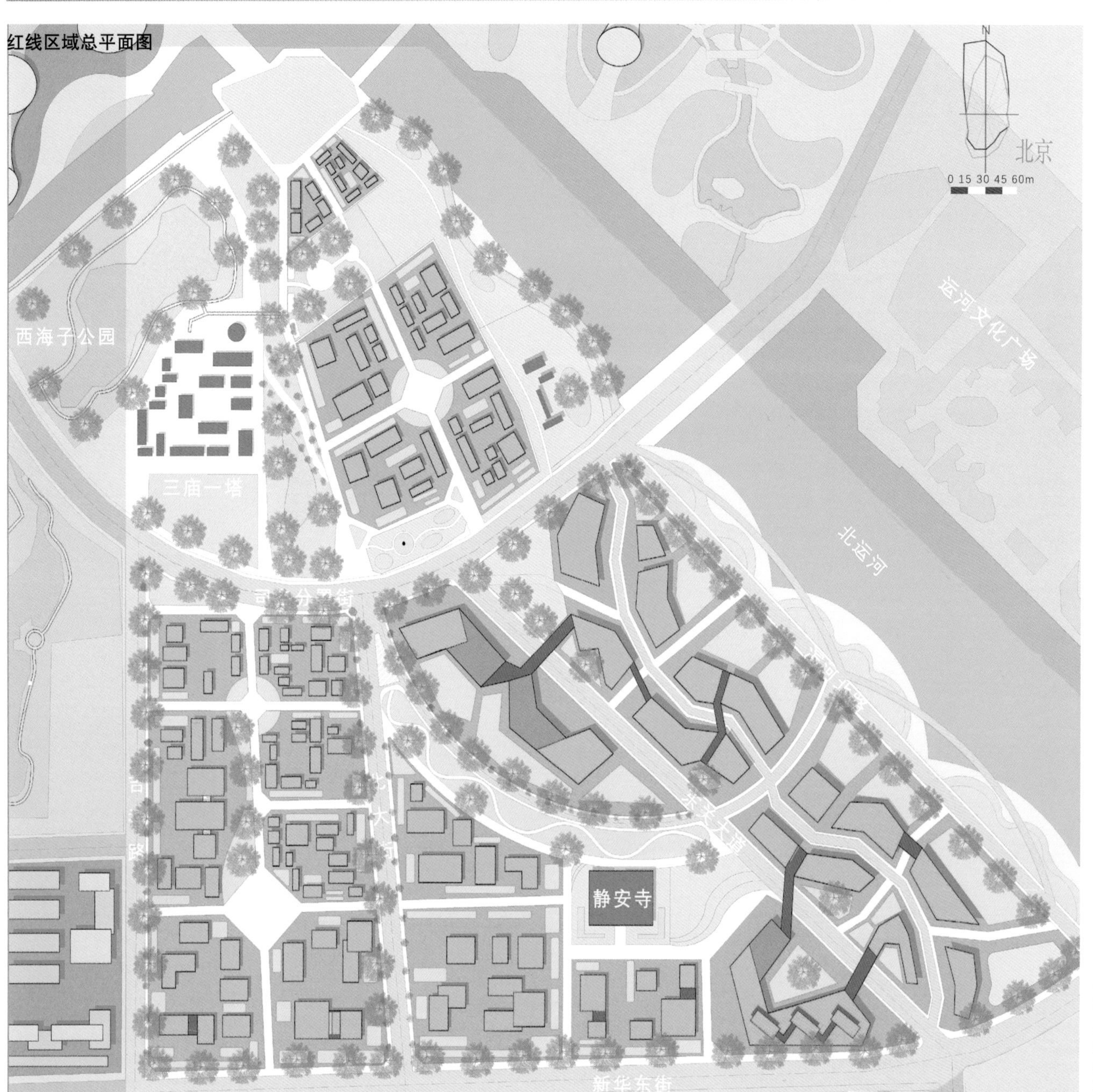

视线分析

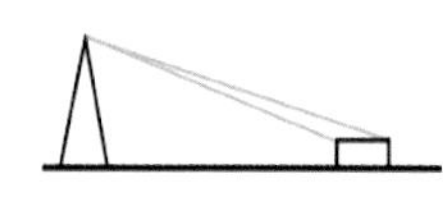

在设计中，我们充分考虑到文化节点在本地块的重要性，在区域的划分以及交通处理上，以燃灯塔节点和静安寺节点为中心，实现视线的呼应和对景。

01 南步行街—燃灯塔视线
文化步行街区内部为燃灯塔留出景观通廊，在新华东街向南望去，燃灯塔赫然矗立在街区尽头。

02 北步行街—燃灯塔视线
沿岸的步行街区同样为“三庙一塔”留出了通向运河的中轴线，使得视线可以向两侧延伸。

03 运河商业街—燃灯塔视线
运河商业街区保留了原始的城市次干道，贯通到西海子公园的“三庙一塔”区域，形成了新旧建筑的呼应。

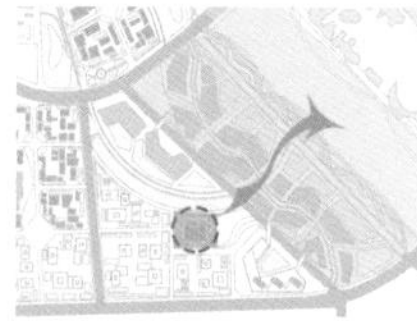

04 运河商业街—静安寺视线
运河商业街区在静安寺和运河之间留出一条视线长廊，形成对景，使静安寺—运河在空间上产生联系。

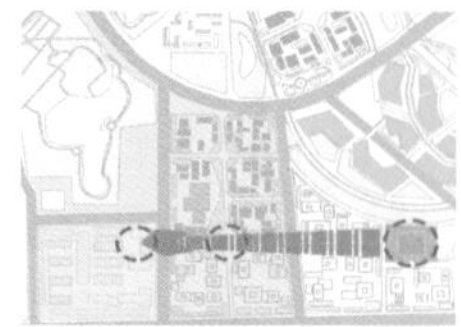

05 住宅区—文化街区—静安寺视线
静安寺向西，一条纵横东西的街道贯穿了步行街区，直达居住区，使静安寺成为街道尽头的焦点。

南步行街一燃灯塔视线场景图
从新华东街向北步行街区望去，能看到燃灯塔。

北步行街一燃灯塔视线
运河沿岸的广场能够直接看到“三庙一塔”区。

运河商业街一燃灯塔视线
运河商业街视线对景燃灯塔与北侧高层区。

通轴故里 6

建筑组团分析

包围式组团　开放式组团　连续式组团

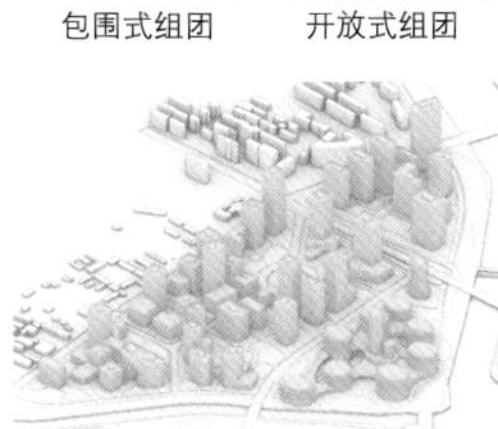

北侧商务商业区块示意图
地块北侧主要为商务区高层，建筑形式多样。

南侧商务商业区块示意图
地块南侧新华东街沿街商务区建筑组团风格统一。

滨河商业休闲区块示意图
沿河商业区建筑组团低矮且连续。

历史文化街区块示意图
历史文化街区建筑组团占地广，建筑均为古建风。

区域内部分析

场地内部街巷、广场、交通枢纽、院落及建筑等公共空间丰富，着重设计活动空间，在视觉及空间上都对可达性进行了提升。在区域内部，我们从建筑连接方式、景观处理手法以及空间形式等方面进行分析。

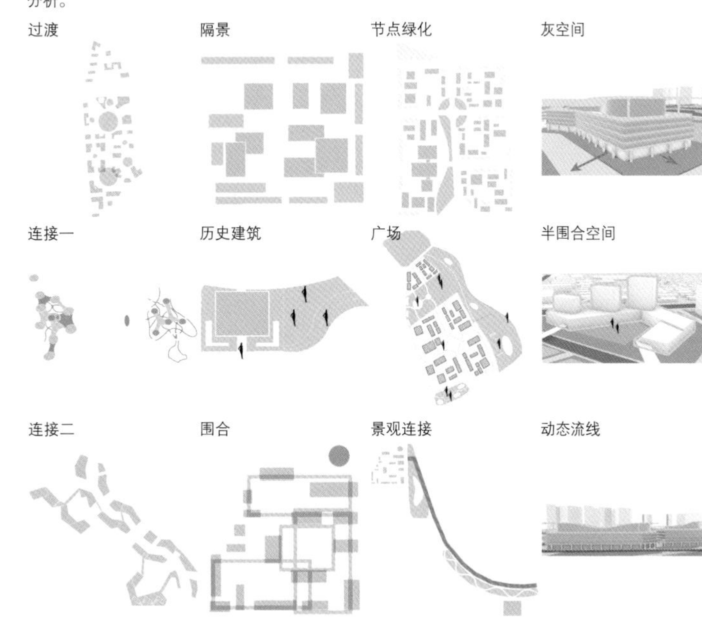

建筑体块分析

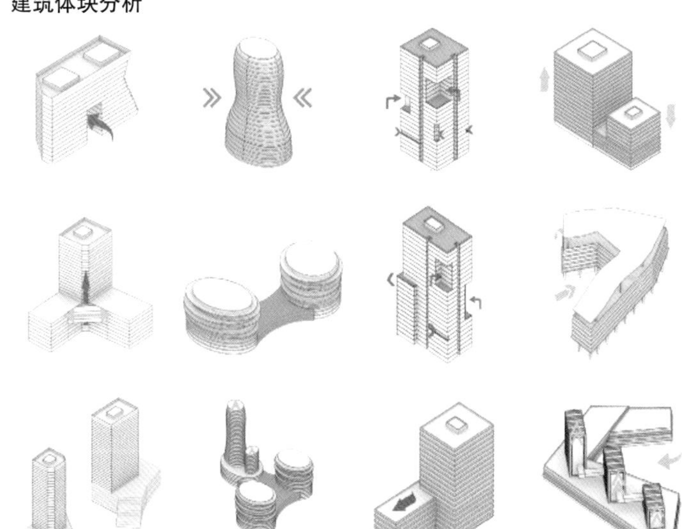

区域透视图

通轴故里 7

慢行系统分析与图解

基于慢行交通的活动分析

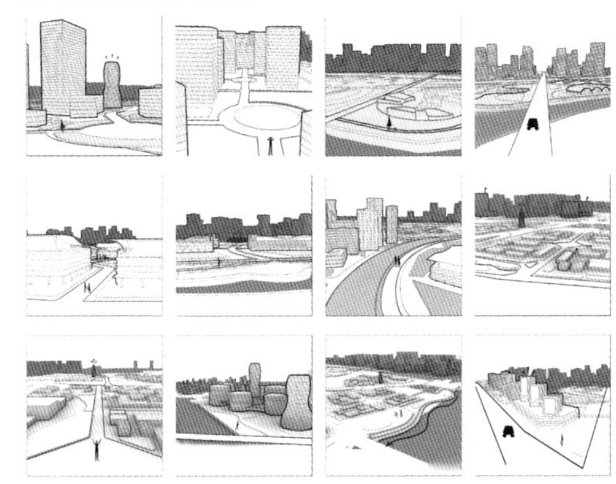

慢行交通分析

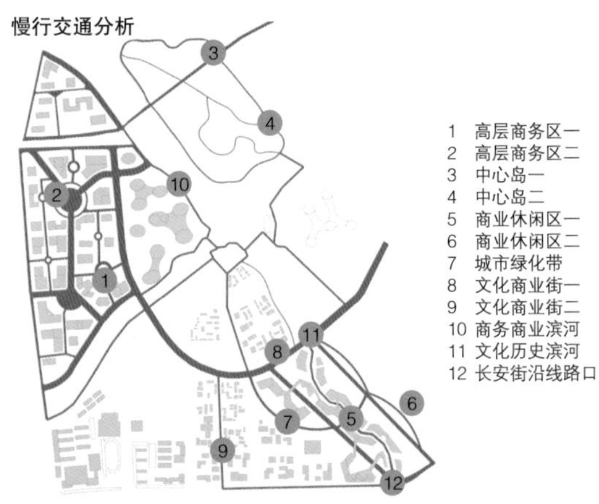

慢行交通分类及意义

主要分析慢行道路，以三种形式为主，第一种是自行车道与人行步道共同组成的慢行系统，第二种是邻汽车道的自行车慢行道路，第三种是贯穿“三庙一塔”与静安寺的城市绿化带及慢行道路。

自行车慢行环线的设计旨在让绿色出行更加方便快捷，同时给如今高楼林立的城市增加一些人与人之间的交流机会，让生活节奏“慢”下来。

慢行节点活动透视图

滨河景观分析

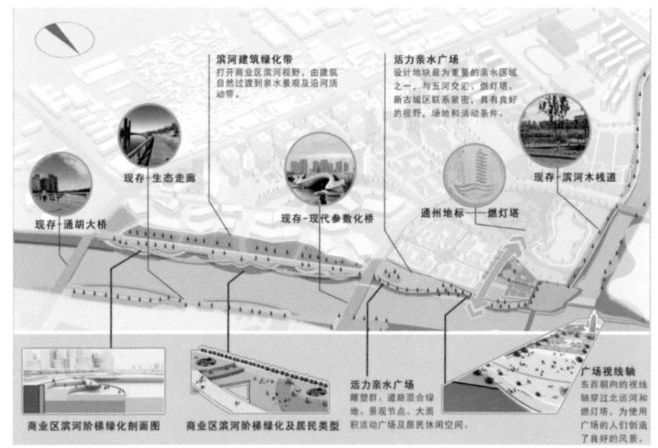

社区微更新

设置自治更新系统，从单体住宅楼开始改造，改造范围和细微差别将根据居民个人情况自行调整，使片区整体环境得以提升。

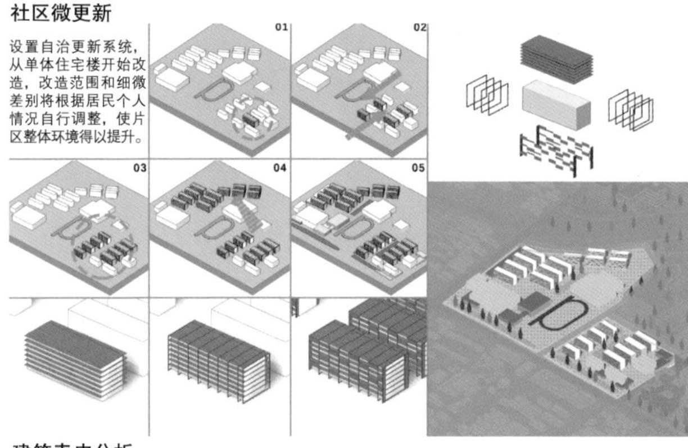

建筑表皮分析

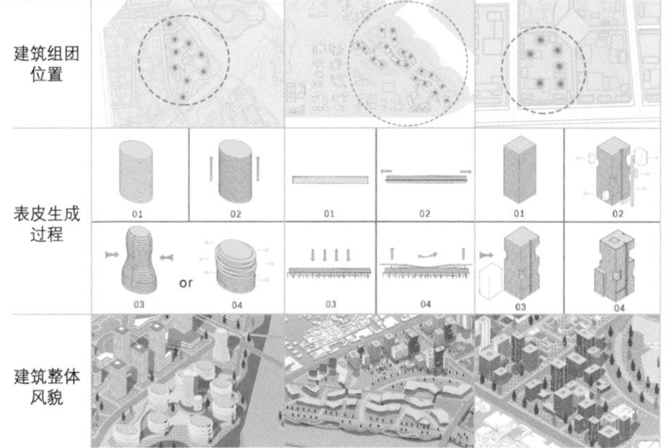

城市天际线分析

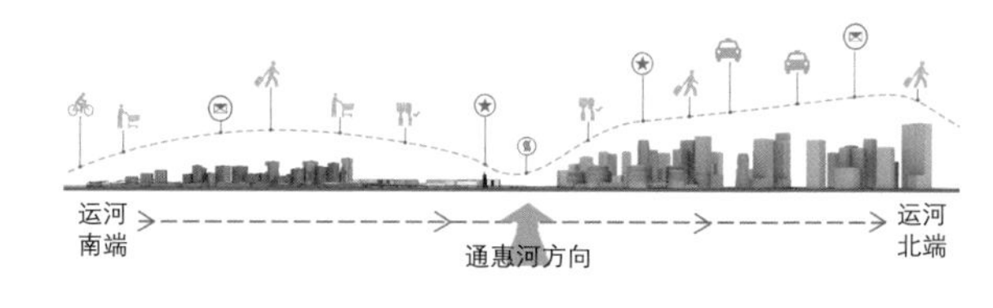

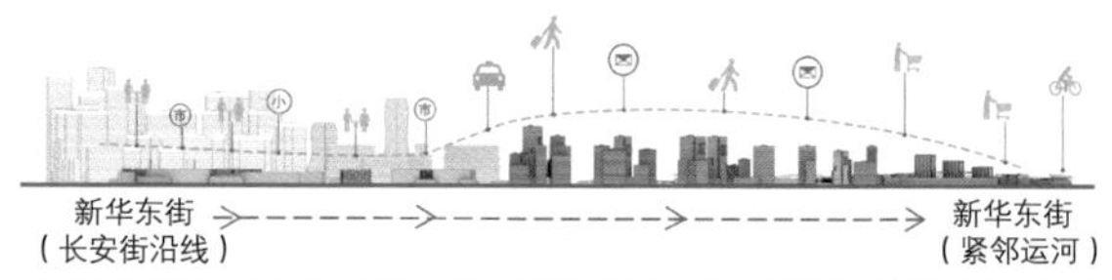

在城市天际线方向本着打开运河景观视野的目标，沿河建筑由低逐渐升高，北侧商务办公区高层北高南低，为通惠河及西海子周围打开视野。

模型照片

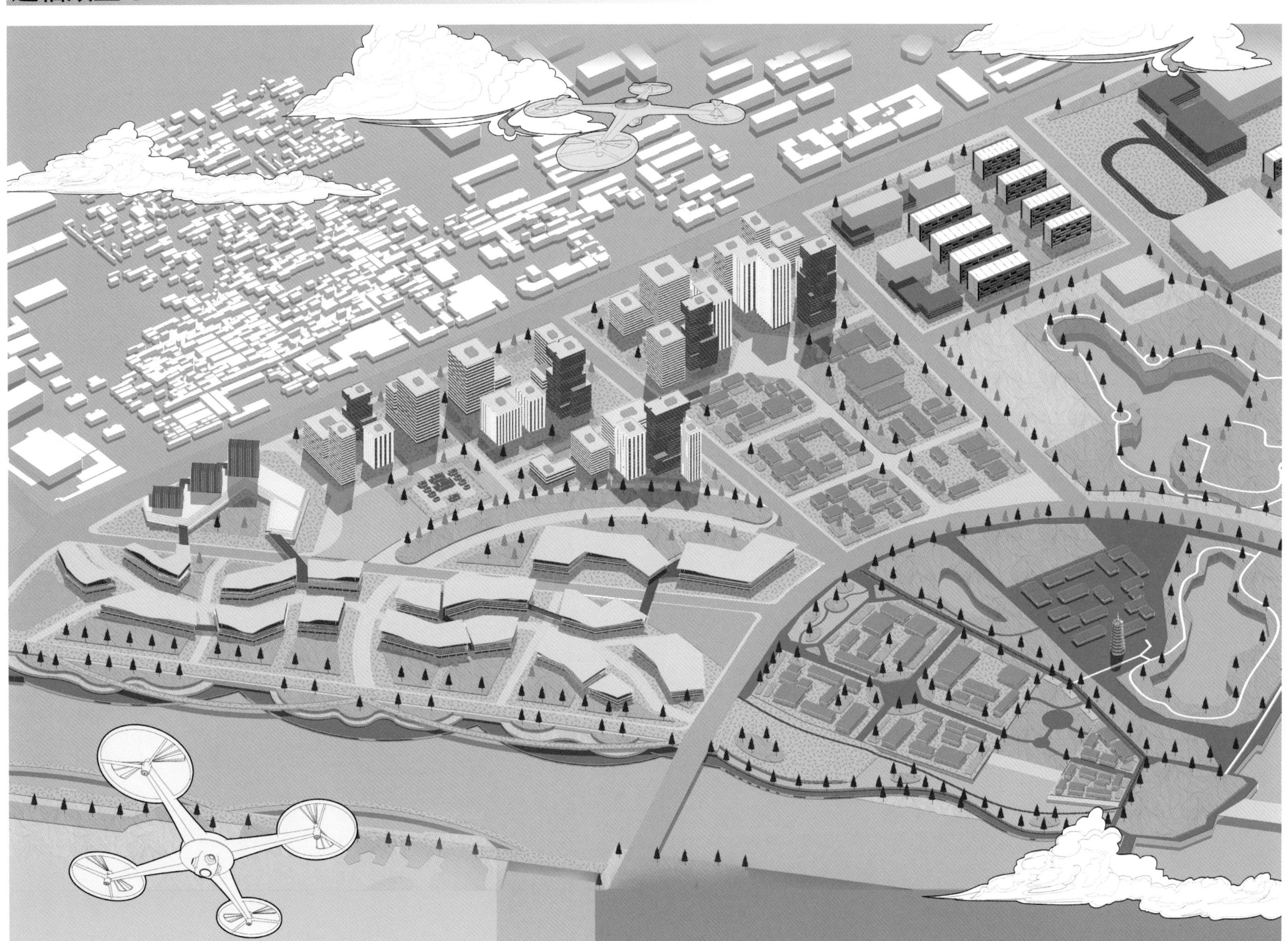

通轴故里 9

调研照片

设计感悟

符钟元

这一次的联合城市设计课程让我受益匪浅。一开始组队调研，我们和其他学校的同学、老师组成队伍，虽然大家都不熟悉，但是对于通州调研，我们都抱着同样的热情。尽管当时天气不好，大家仍然坚持调研，积极和带队老师讨论总结。在设计过程当中，组员们积极提出设计思路，共同分担前期的设计任务，产生了不一样的碰撞和结果。在老师们的悉心指导下，我们理解了什么是城市设计，初步建立了宏观角度的思维方式，也明白了上位规划的重要性。在收尾阶段，我们一步步调整方案的可行性，从细节方面入手，体会到了在城市设计中每一步落笔都要与周边环境息息相关。整个学期下来，这一次通州设计的课程带给我的不仅是城市设计的知识，也让我看到和学习到了其他学校同学们的设计、软件技能，以及对学习的专注和认真的态度。这门课程将使我受益终身！

何雪筠

这一次联合城市设计带给我的不仅带给我不断思考、不断精进设计内容的学习经历，还带给我合作共赢、共同进步学习的学习体验。

此次项目开始的调研分为了混编组与本校组，两类别小组的同学都充分发挥了自我优势，展现了各个学校的设计理念，开展了一场别开生面的调研活动。在设计开始前，我们打乱调研小组，各个学校均开启了分组教学与设计。设计初期的大胆构思、设计中期的思维碰撞到设计末期的内容精进，都离不开同学们的互相帮助与老师们的谆谆教导。虽然因为新冠感染疫情的影响，各个学校没能欢聚一堂，但是线上的中期汇报和终期汇报都让我学习到了来自各个学校的设计思路以及后期的绘图手法，也有幸收获了不同学校老师的细致点评。

总之，十分有幸参与此次联合城市设计，感谢老师和同学们的共同努力。

文雨嫣

此次联合城市设计既是我们大学课程里的第一个城市设计，也是第一次和兄弟外校联合进行的课程。很荣幸能参与这次设计并在五所学校的师生们面前对我们这次设计进行汇报。在开题与前期调研中，所有学校的师生们合作组成各个调研小组，同学们在课程中都大胆地提出自己的想法与意见，让我们对于北京城市副中心通州运河地段的现状与未来城市设计的重点都有了更好的了解与认识，为我们后期课程的设计提供了明确的方向。课程中期，我们根据老师们对我们方案的指导与意见进行了整改与优化。此次课程让我在与同学们的不停探讨与磨合中一步一步地深化方案、改进不足，形成了最终方案，也从各个学校老师和同学们的优秀成果中学到了很多知识与设计思维。这些都将成为我一生的财富与智慧。

李雪丽

前期调研一开始，我就觉得非常有意思，不同于之前跟自己熟悉的人去调研找资料，这次是跟其他学校的同学组成全新的组去选址，进行了很多很好的交流，包括各自分享对城市的认识、设计的想法以及很多有趣的点子。我们都是带着极大的积极性和热情去探讨的。

进入设计流程后，我们带着前期调研的资料、设想及初步规划，开始了一次又一次的方案设计。虽然困难重重，但也受益匪浅。改方案也让我们对城市构架及各种尺度、规范都有了新的认识，也让我们完美地衔接了后续的高层设计课程的学习。感谢老师们为我们安排了这次联合设计的课程。

北京城市副中心运河中心商务区城市设计

ALL IN THE ONE LINE

内蒙古工业大学一组

郝俊杰　高鹏　俞司水　黄霖辉　周鸣玉

ALL IN THE ONE LINE 1

区位分析

京城中轴线全长7.8公里，是世界上现存最长的城市中轴线。如今，在天安门向东30公里的通州，一条新的轴线再次构成了一座新型城市的脊梁。

通州总体交通便利、环境优美、基础设施较完备，有很强的区位优势，交通道路网成熟，可达性较高。但对设计地块及周边范围进行实地调研后，发现存在一些问题。

（1）片区总体秩序感欠缺

功能布局较分散，没有形成明确的功能区划。路网不是规矩的网格状，因此方向感不强，辨识度不够。片区标志物单一，虽然突出了燃灯塔的历史地位，但由于燃灯塔高度不够，且位于三庙建筑群院内，每个方向具有相同的视觉形象，其定位和标志性不够突出。

（2）场地现状活力不足

现状缺少适合各类人群活动的公共空间。滨水空间打造了丰富的景观系统，也修建了沿河步道系统，但由于节点设置数量不够，使人容易产生视觉疲劳和身体疲劳，未形成与水域的互动体验。

（3）场地职能与定位偏差

通州作为北京副中心，应与现代生活相适应，体现北京城在历史长河中不断更新、发展的轨迹，而片区现有的建筑缺少时代感，需要加强从历史到未来的变迁与对话。

北京的"城市病"

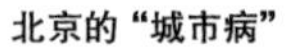

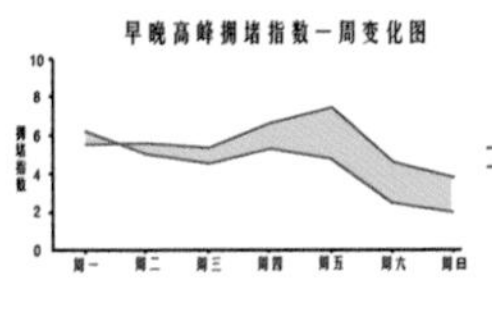

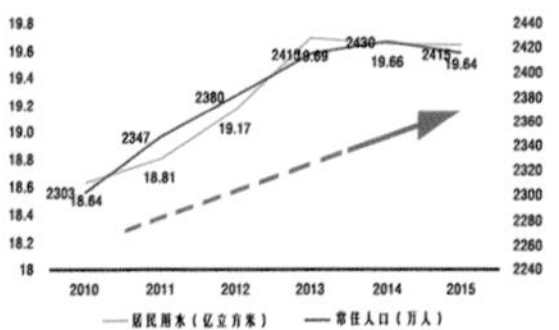

ALL IN THE ONE LINE 2

片区位置

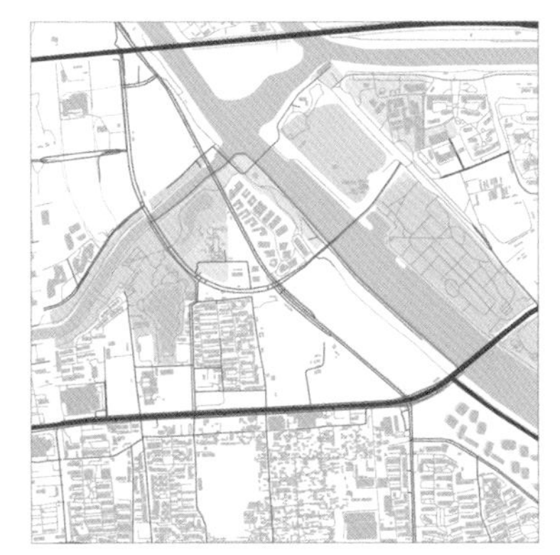

场地交通

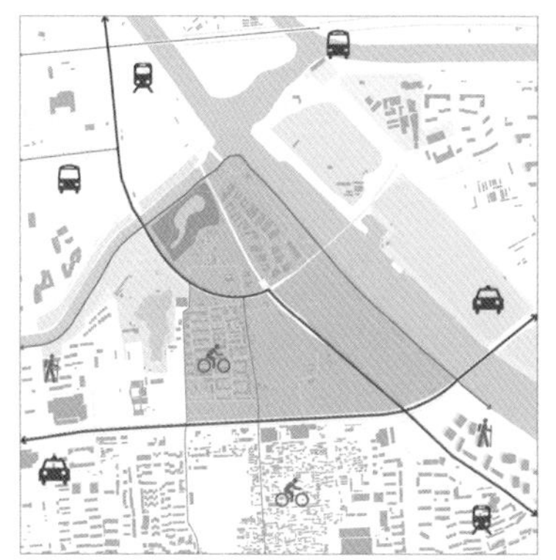

场地可达性

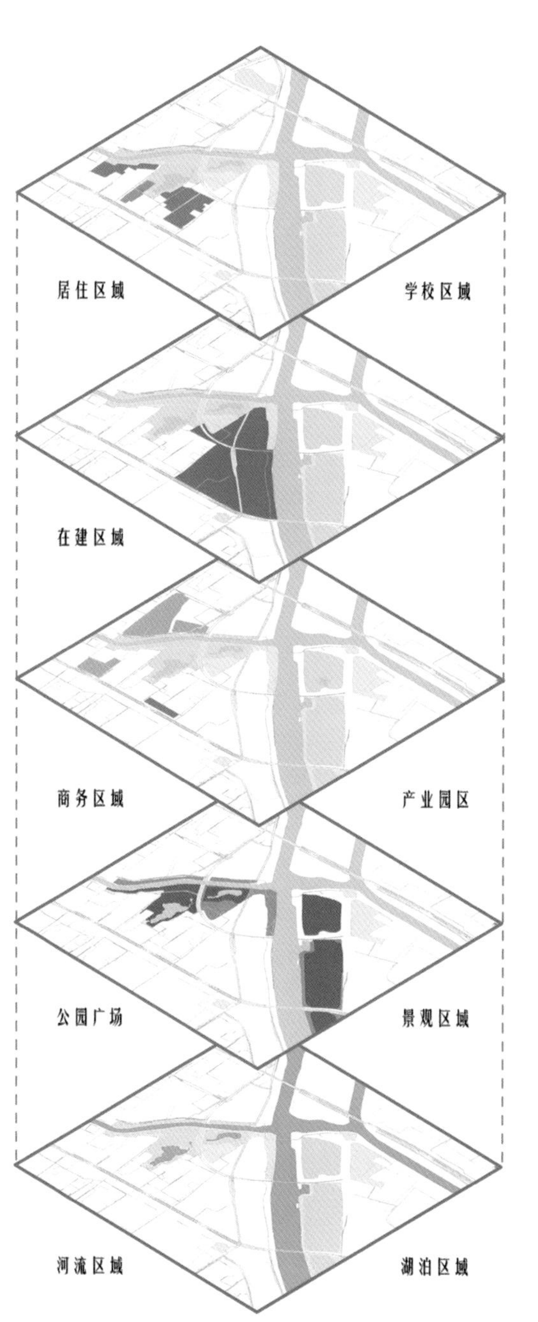

通州历史轴线

京杭大运河、温榆河、通惠河、运潮减河、小中河等五条河在此汇集，形成了大运河北源头五河汇流的壮观景象。通州是扼守京城东大门的要塞，是京杭大运河的北起点，在中国漕运史上占据了重要位置，曾经是久负盛名的水陆都会和盛极一时的皇家码头。

ALL IN THE ONE LINE 3

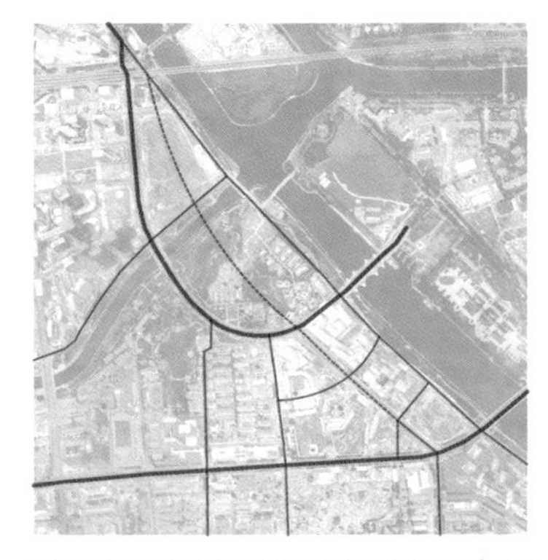

根据场地内现有道路网络梳理出合适的街区尺度关系

将场地划分为四大功能区，进一步细化为八个地块

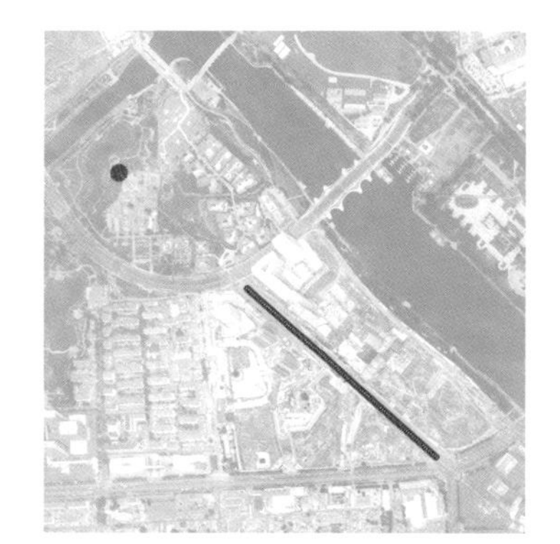

“一枝塔影认通州”，根据燃灯塔位置与朝向划分出主轴

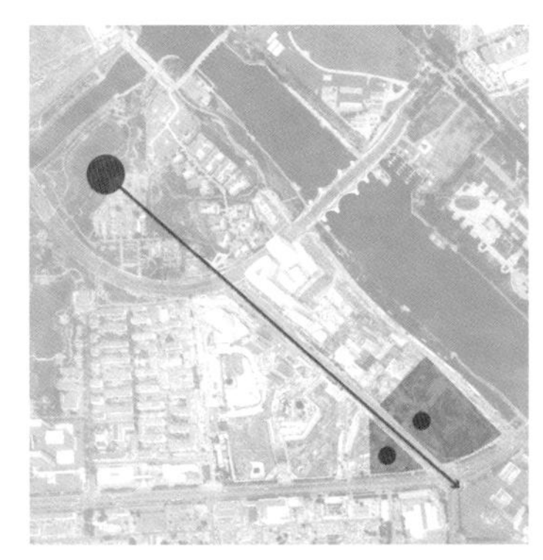

燃灯塔与景观轴连线、新城市界面合力打造城市副中心的新地标

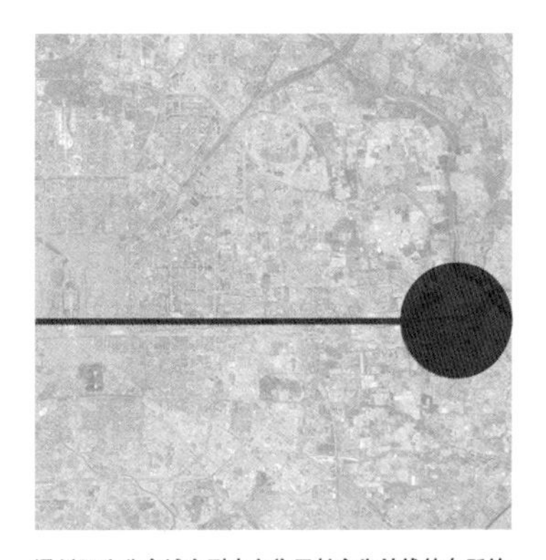

通州区为北京城市副中心位于长安街轴线的东延续

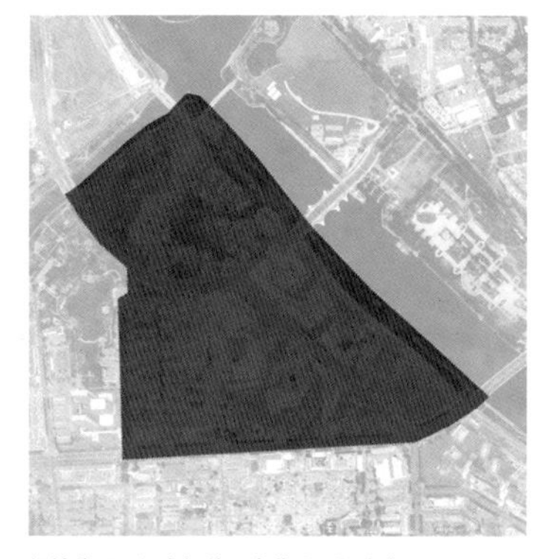

场地位于五河交汇处，定位为运河商务区

场地南侧界面位于长安街轴线延续，打造城市副中心的城市界面

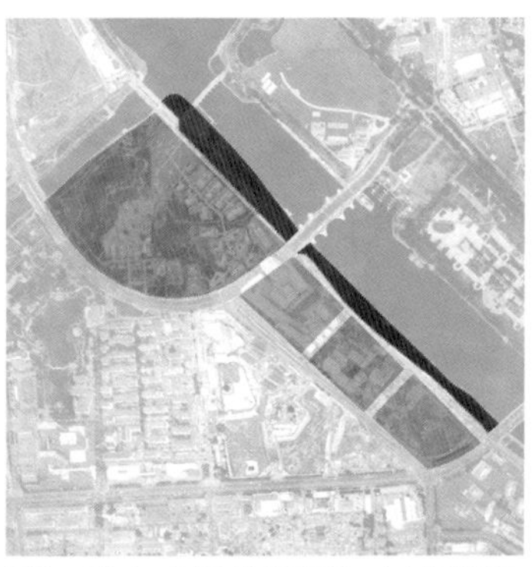

场地三面临水，有较强的景观属性，在东侧界面打造滨水景观带

建筑高度分区一高层建筑管控区

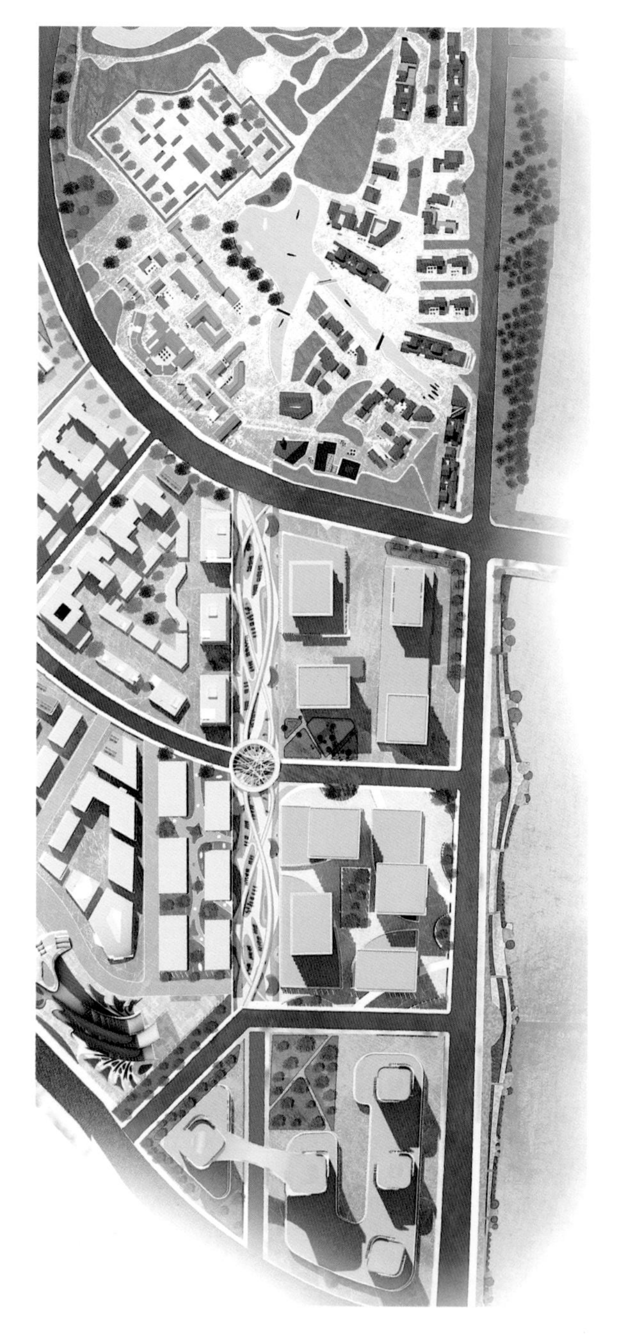

ALL IN THE ONE LINE 4

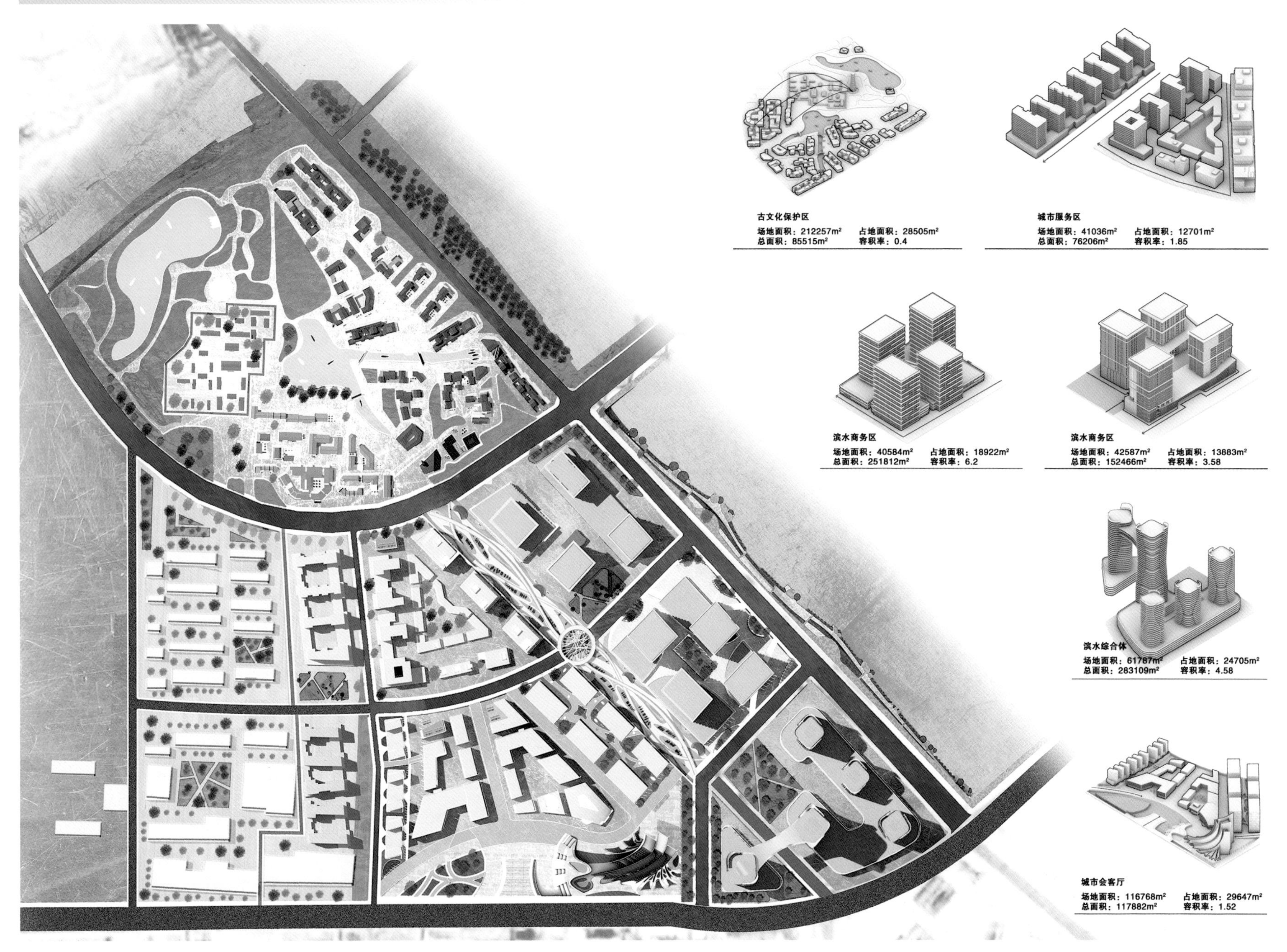

ALL IN THE ONE LINE 5

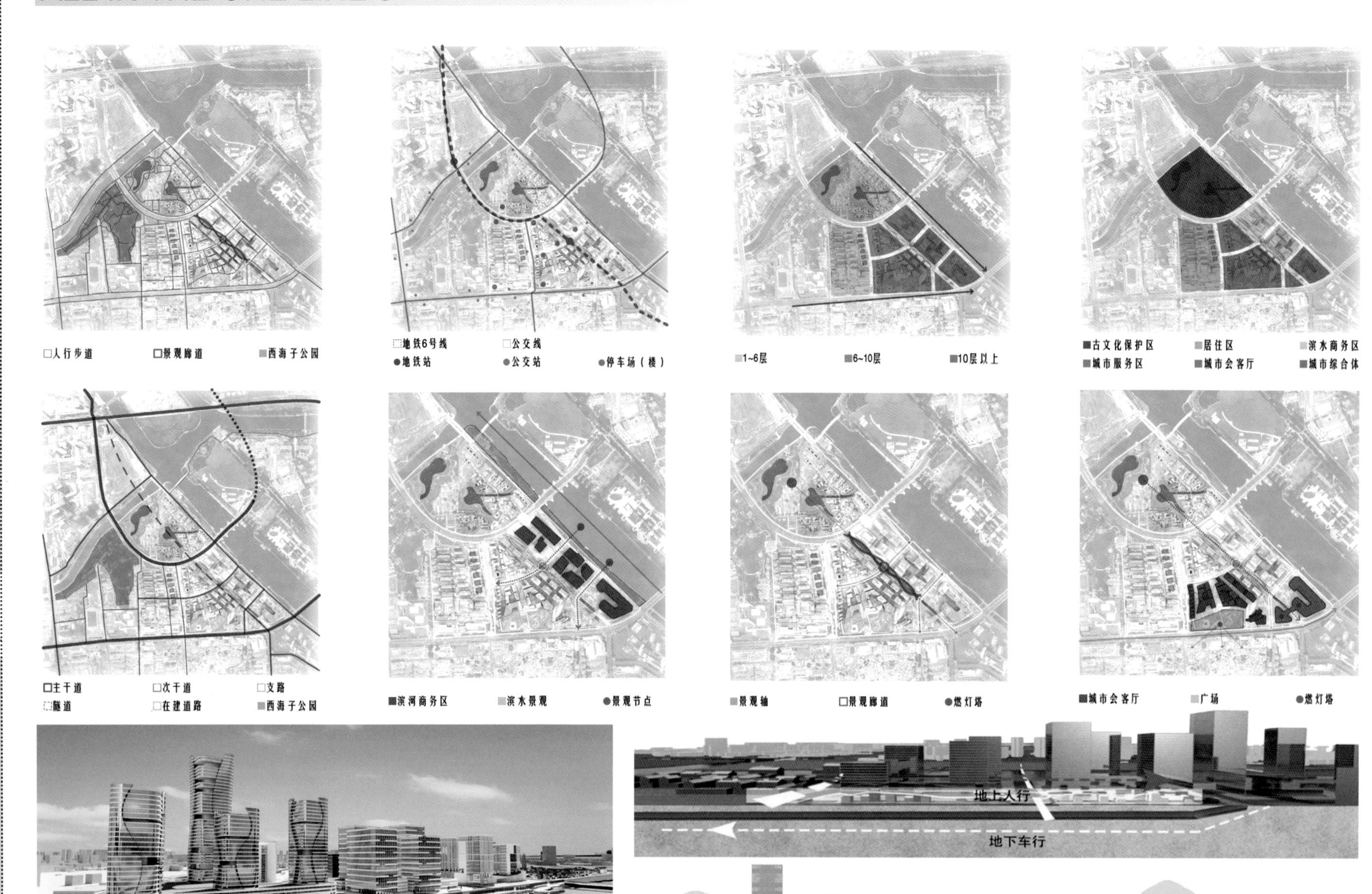

ALL IN THE ONE LINE 6

A. 景观轴，与两边商业联动，以步行为主，延长到历史街区，由动到静，构建完整的视觉通廊。

B. 商业轴，两侧裙房布置各类商业，满足商务办公人群购物、餐饮、交流、娱乐等功能需求，也为城市居民提供与商业相关的公共活动空间，商业轴与地铁站连接，方便交通，通过圆形过街天桥，打造片区秩序。

C. 连接新旧地标，燃灯塔、圆形交通廊道、门字形现代地标建筑构成从历史到未来的生长轴，体现城市生长轨迹和发展的必然趋势。

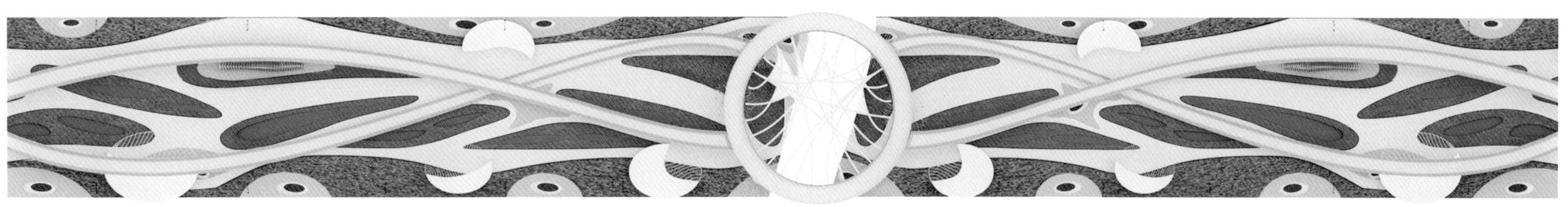

城市书吧

城市水吧

咖啡店

便民餐饮

便民服务

服务设施

为丰富核心轴功能，起到多功能合一的效果，设置各类便民服务设施。抬升核心轴的功能与定位，加强与两侧建筑的功能呼应，提升周边人群生活质量，达到适宜的节奏与平衡。

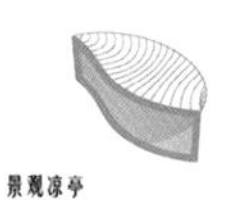

景观凉亭

人行天桥

环形枢纽

景观小品

休憩空间

树木景观

景观节点

景观节点调整整个核心轴的节奏与速度，在多种功能定位下不丧失其基础的景观属性。在周边人群漫步其中的过程中，依据人的步行疲劳距离、景观密度适宜度来控制距离和尺度关系。

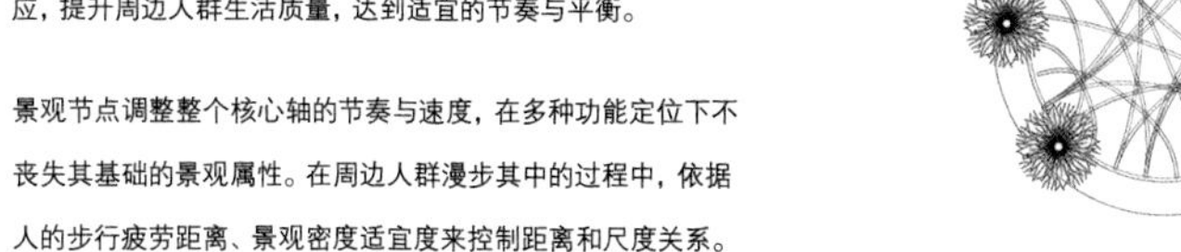

ALL IN THE ONE LINE 7

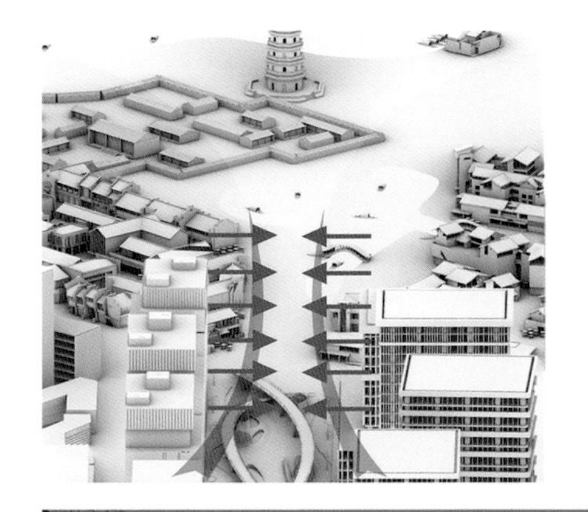

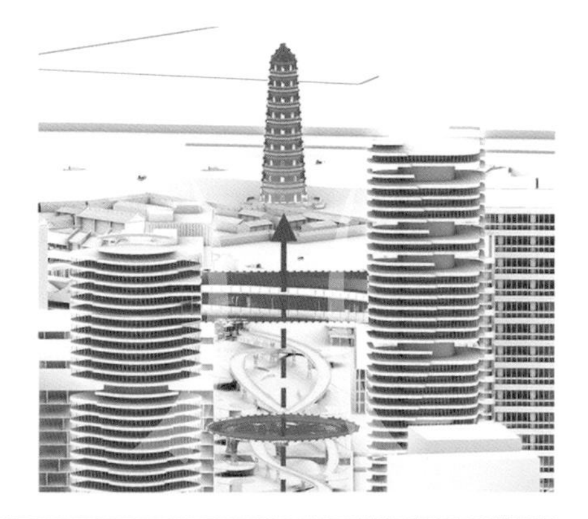

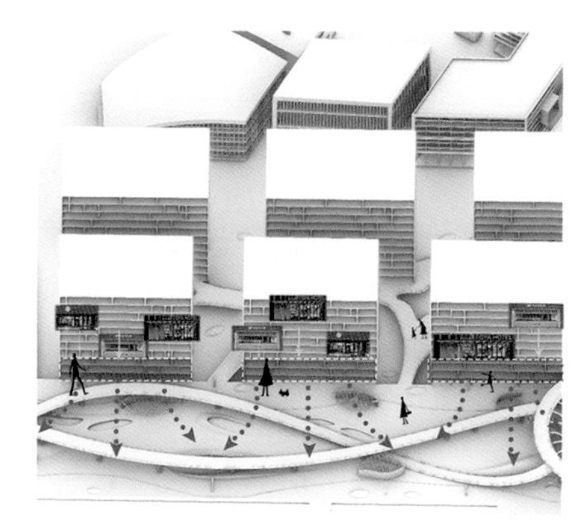

交通核心——和弦图天桥

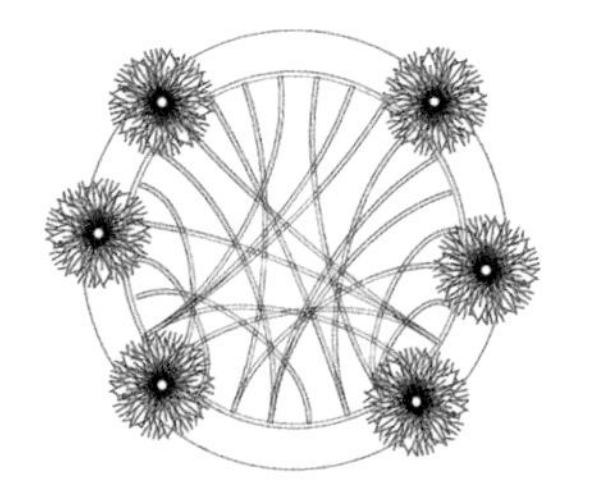

和弦图天桥，形态依托桑基数据可视化的图形，符合所处区位商务办公区的定位，同时标志着场地所处几大功能区相互交会之处。交通上出入口连接各个区域，同时与核心轴的空中连廊连接，形成完整、方便的交通核心系统。

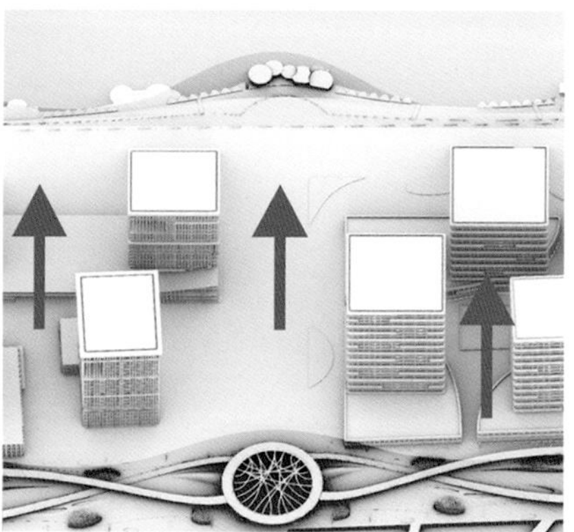

核心轴景观节点与滨水景观带节点相呼应，视线交错。

步行系统——有机布道连廊

核心轴周边建筑，形态延伸自核心轴流线。

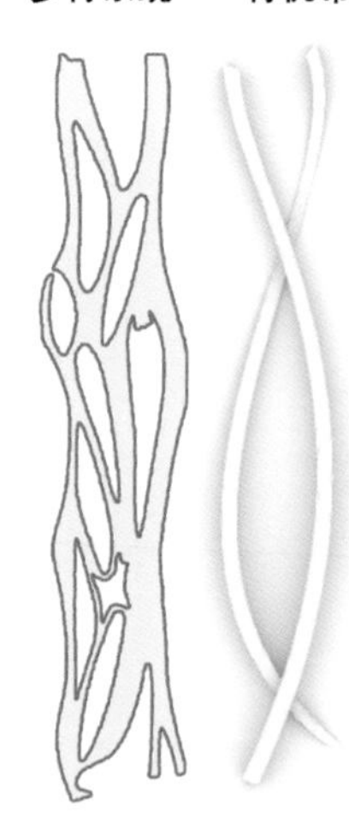

步行系统由空中连廊和有机步道组成，形态上参考了有机生长曲线的趋势，使整个步道更具活力。步道依据人行尺度布置休憩节点，调整步道整体节奏与韵律。

长安街沿线所形成的城市天际线。
由区域中的建筑构成整体结构与局部景观，在长安街末端给人以独特的印象。

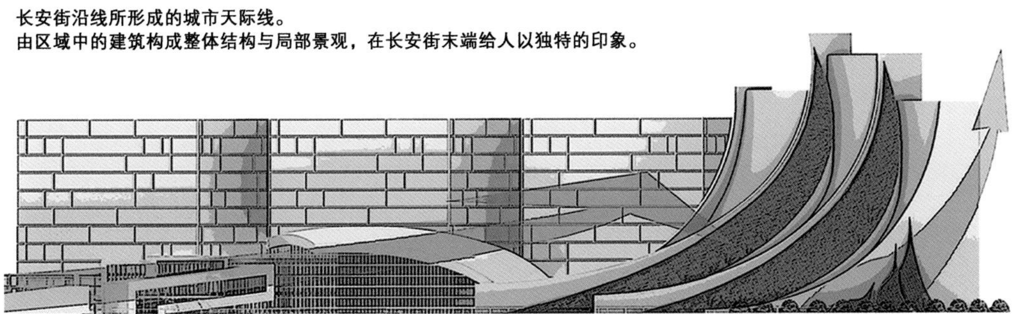

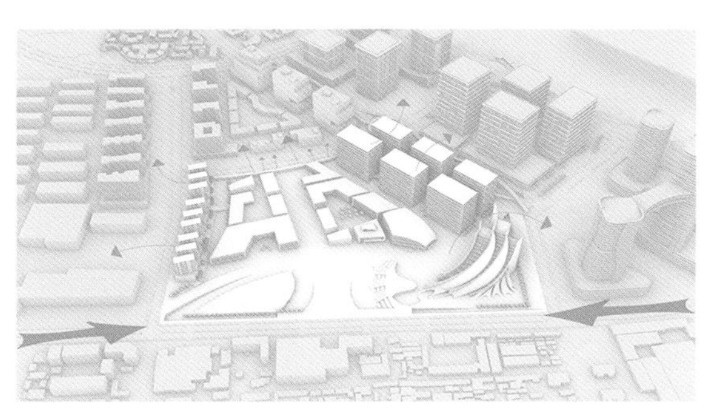

ALL IN THE ONE LINE 9

ALL IN THE ONE LINE

北京城市副中心运河中心商务区城市设计

迎合长安街沿线而打造的广场，作为城市会客厅的前厅起到容纳与迎接作用。

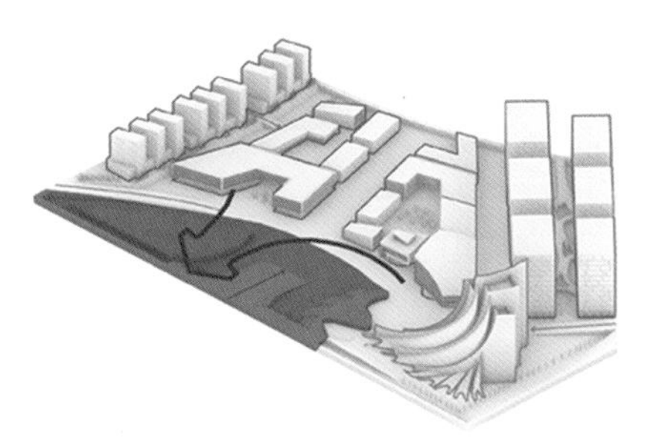

作为城市会客厅中承载着关键业态的标志性建筑物，在长安街沿线丰富城市立面。

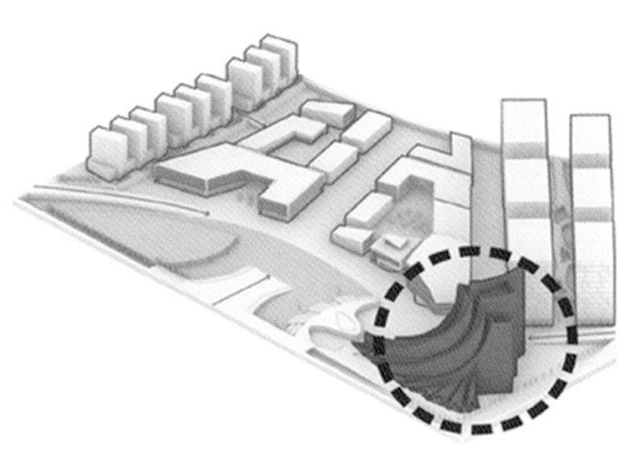

顺应滨河的超高层建筑将景观轴收入其中，在景观轴两旁形成商业业态。

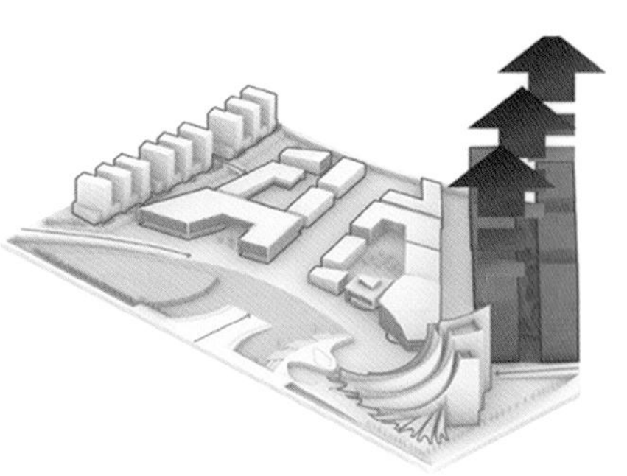

商业区域与公寓区域的人流辐射入广场之中，提高区域活力。

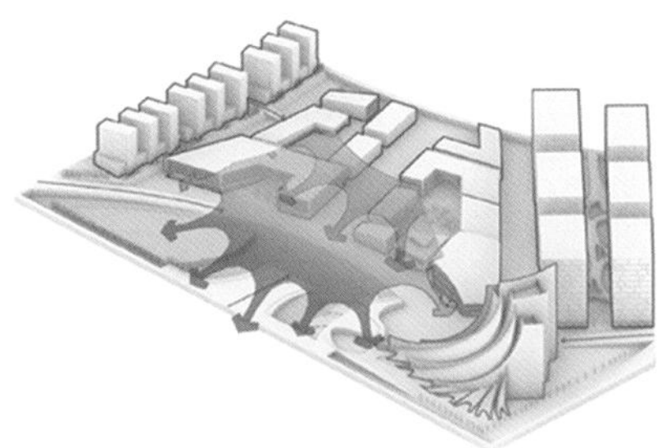

顺应地块形成南阔北窄的建筑形式，视线收束的同时形成商业街。

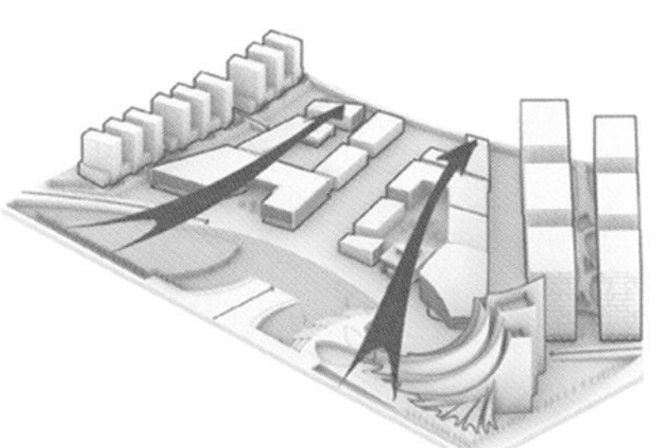

广场外围沿线蔓延后与景观带相交，作为连接东西方向的人流通道。

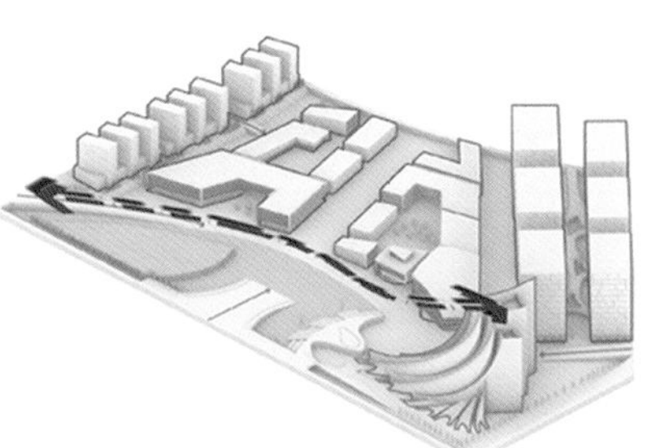

公寓区域自北部顺延而下，起到了对于办公人口的收容作用。

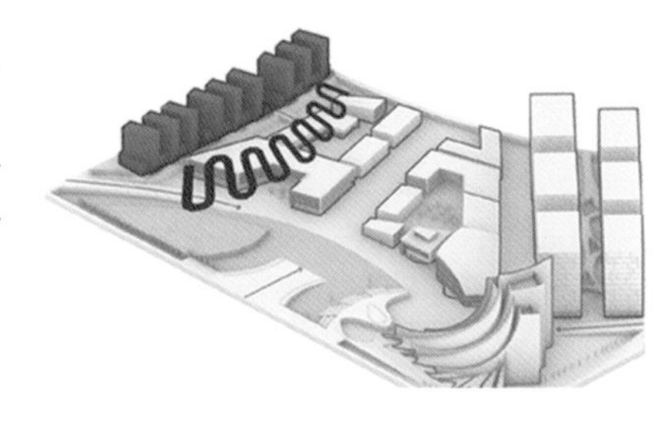

会客厅公共建筑部分通过左侧便民服务区与居民区相连。

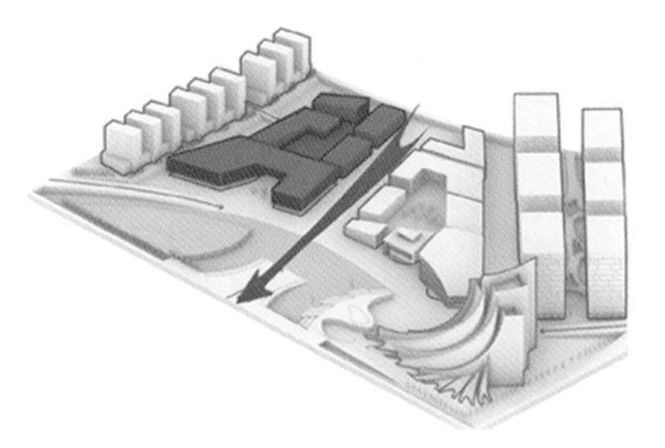

会客厅右侧城市展厅公建部分，连接右侧商业街区，提供公共服务。

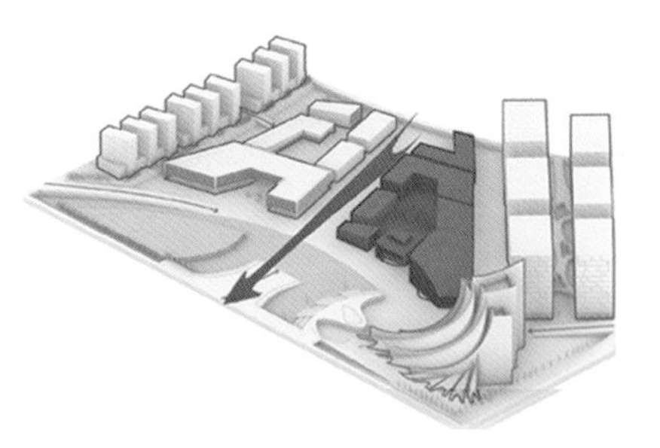

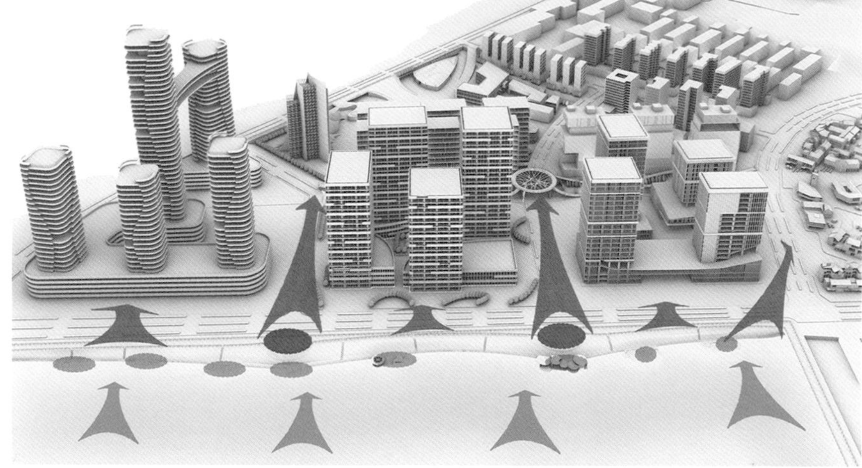

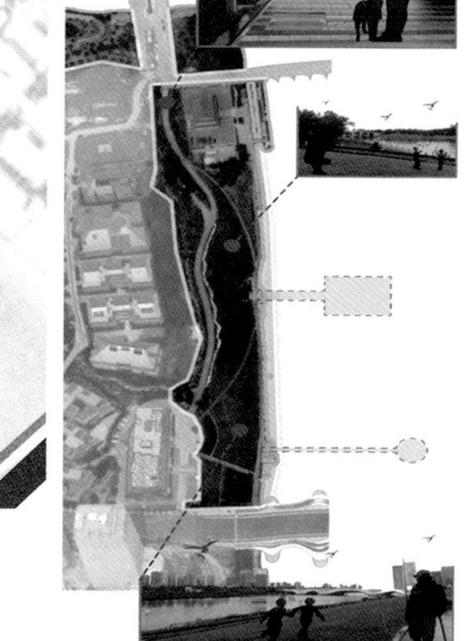

打造与水体的互动，提供观水、近水、亲水不同感受和认知的活力空间。
加强与商务办公区、创意文化工作区、公寓住宿区域的联系，由水体造就。

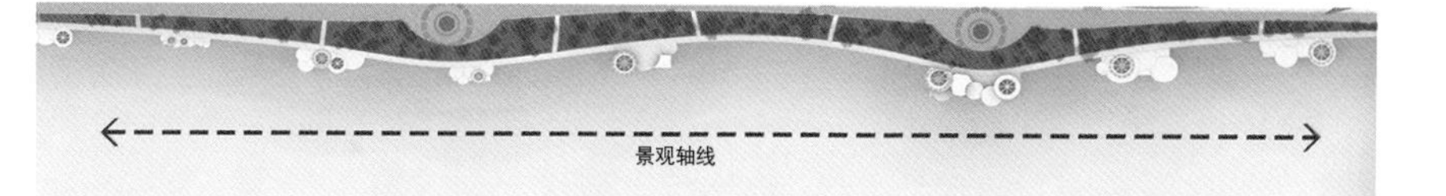

活动感悟

首先感谢主办方北方工业大学举办北方“四校+1”联合设计，这次活动给予我们深化学习和展示自己的机会。作为刚刚踏入四年级的学生，我们与其他高校的同学在分组调研中建立了深厚的友谊，进行了深入的交流，互相取长补短，交流经验，共同进步。同时也感谢各个院校的各位老师辛勤的付出与指导，为我们展示了不同的视角、不同的思路，使我们受益匪浅。我组认为，设计重在交流与感悟，本次联合设计的交流、探讨、解读让我们感受到了不同学校、不同团队所带来的新鲜的思维活力，激发我们新的思考模式，并在老师们的指导下，领悟城市设计思路，规范我们的设计流程，使我们对城市设计有了初步理解。这在今后的学习和工作生涯中，定将指导我们继续前行。最后再次感谢参与活动的每一位老师与同学，预祝下一次联合设计更加成功。

内蒙古工业大学 设计一组全体

2021年11月1日

北京城市副中心运河中心商务区城市设计

生态·城·智慧——未来之城

内蒙古工业大学二组

白茹雪　李祥山　孟小琪　高靖　刘璐

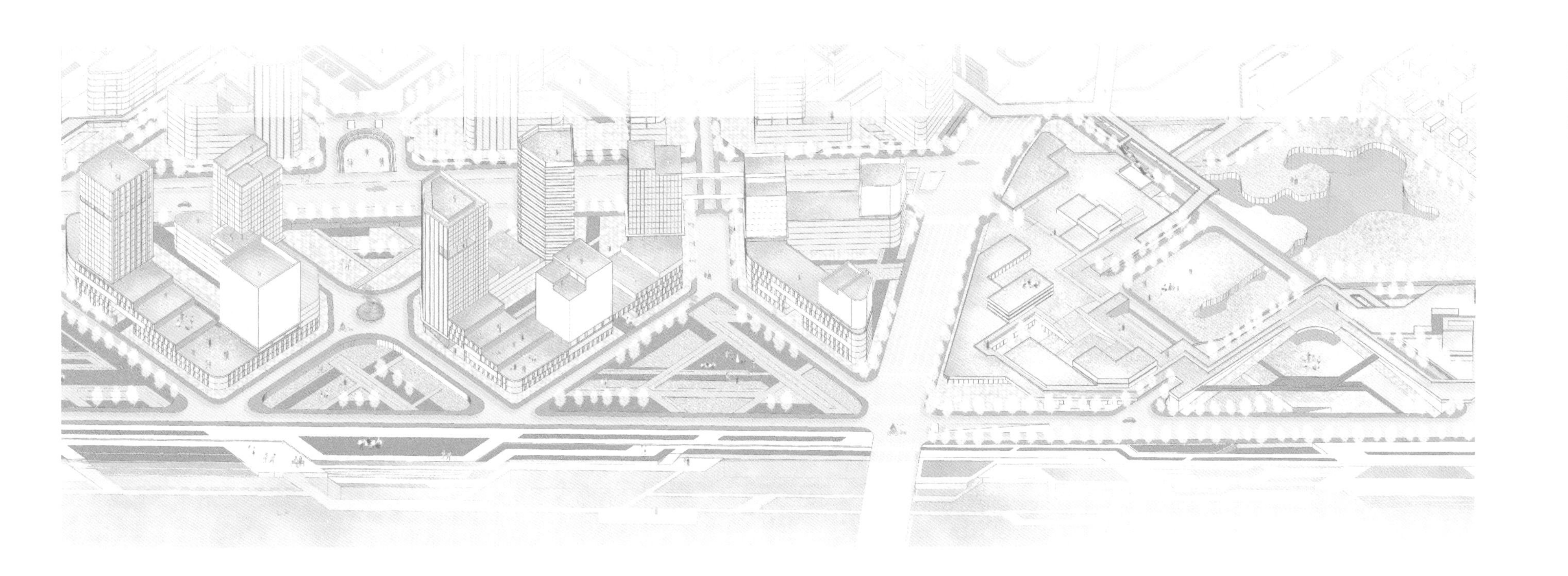

生态 · 城 · 智慧 —— 未来之城 1

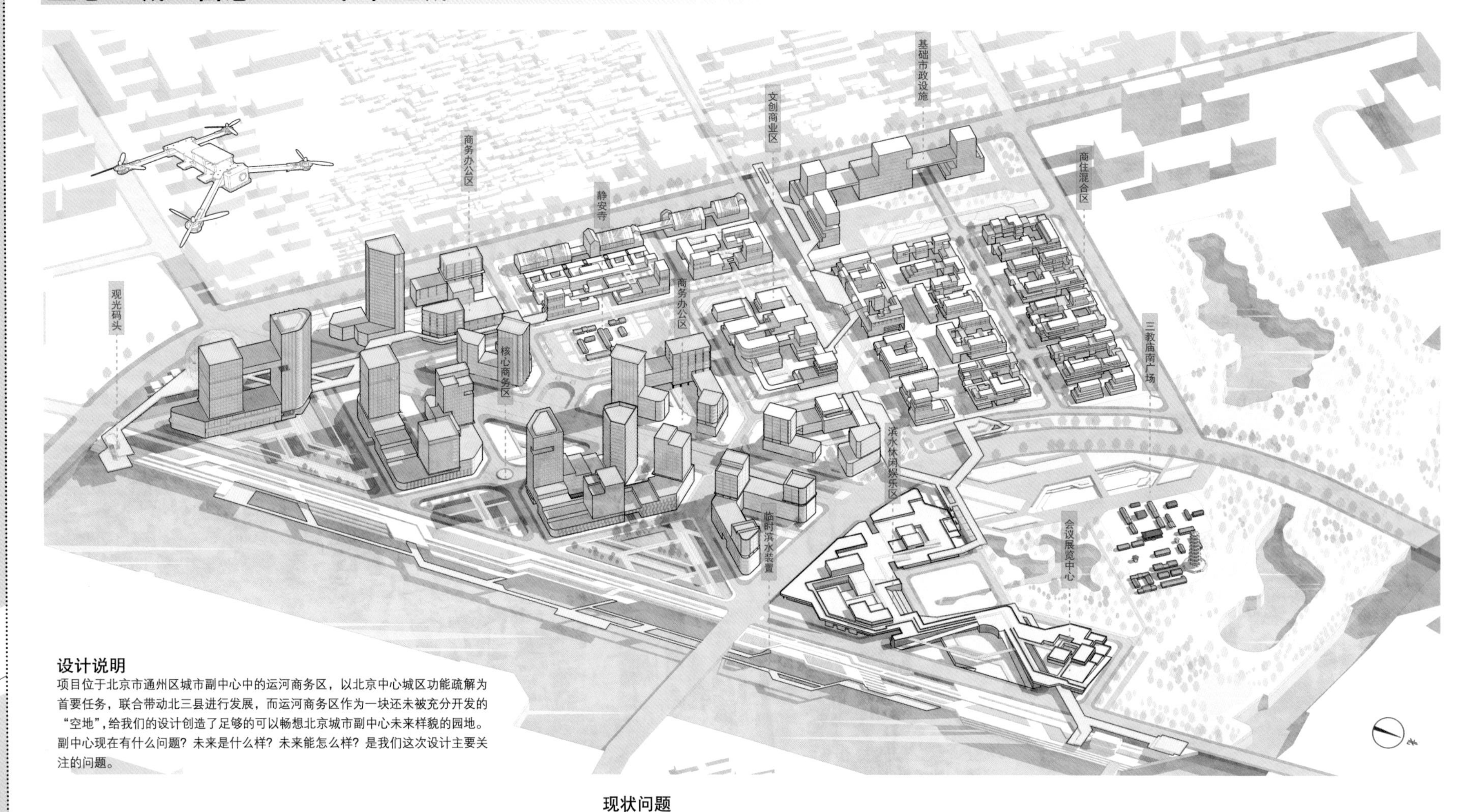

设计说明

项目位于北京市通州区城市副中心中的运河商务区，以北京中心城区功能疏解为首要任务，联合带动北三县进行发展，而运河商务区作为一块还未被充分开发的“空地”，给我们的设计创造了足够的可以畅想北京城市副中心未来样貌的园地。副中心现在有什么问题？未来是什么样？未来能怎么样？是我们这次设计主要关注的问题。

地理位置

项目位于北京市通州区城市副中心运河商务区的老城区范围内，以北京中心城区功能疏解为首要任务，联合带动北三县进行发展。根据《北京城市副中心控制性详细规划（街区层面）2016-2035 年》规定，北京副中心将“推进老城区城市修补、生态修复，实现新老城区深度融合，为老城区复兴注入新活力”。

上位规划

1. 复合型商务中心区——多功能混合区；
2. 历史文化传承体验展示区；
3. 生态景观宜居城；
4. 完善的公共服务设施；
5. 沿中央绿岛附近形成沿河景观步行区。

现状问题

内陆与运河割裂，联系弱化

场地内方向感较差，地标识别感缺失

交通系统不完善——现有地铁线路及公交站点

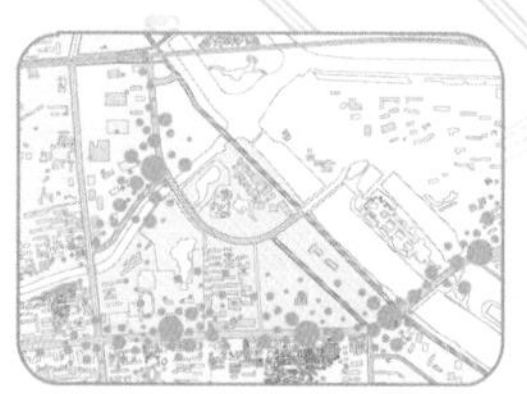

区域内缺乏服务设施

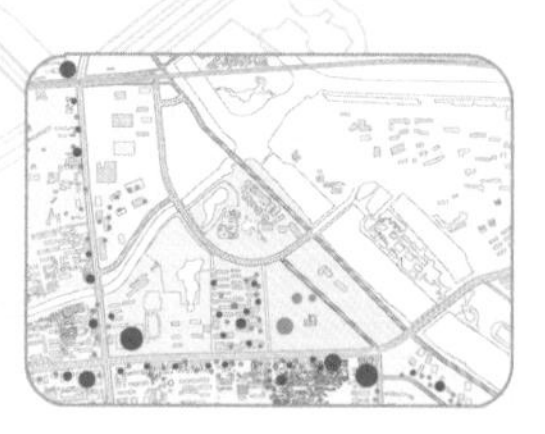

生态·城·智慧——未来之城 2

总平面图 1：3500

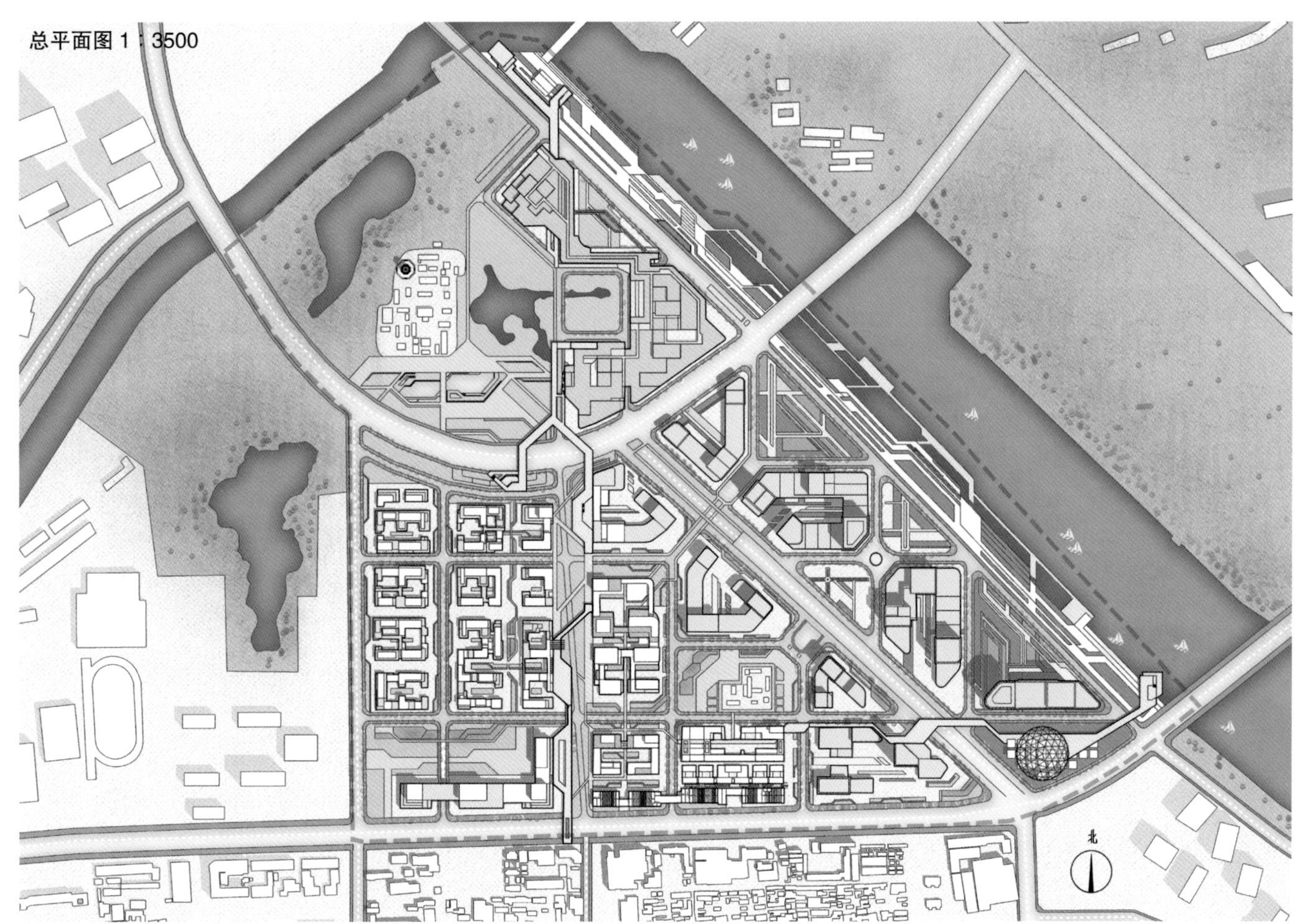

场地爆炸分析图

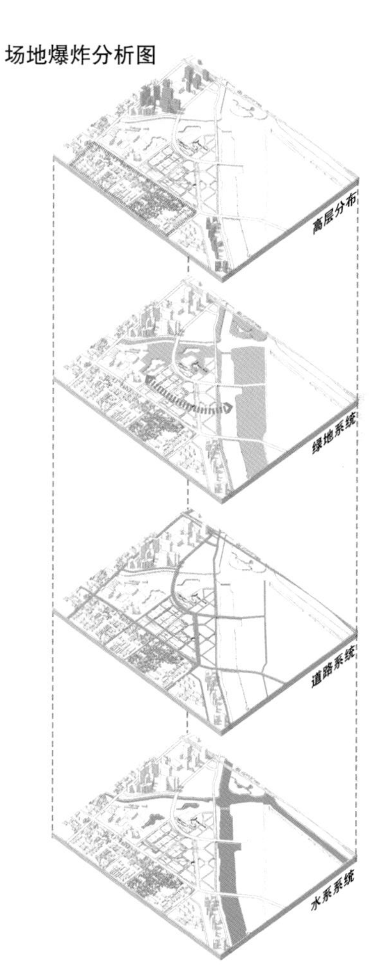

方案生成过程分析

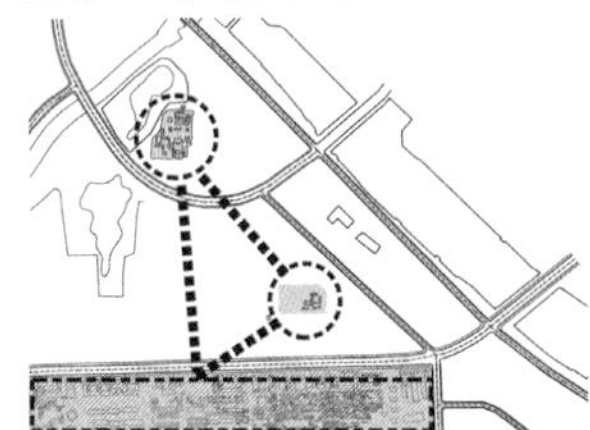

历史遗迹
精确定位场地内现存历史建筑（三教庙、静安寺及南侧十八个半胡同）并进行资源整合。

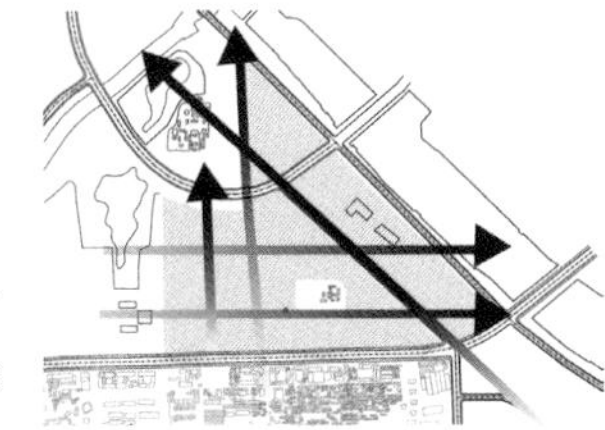

道路走向
遵循延续胡同肌理、场地方向感可识别、视觉通廊等原则，采用棋盘格式道路网。

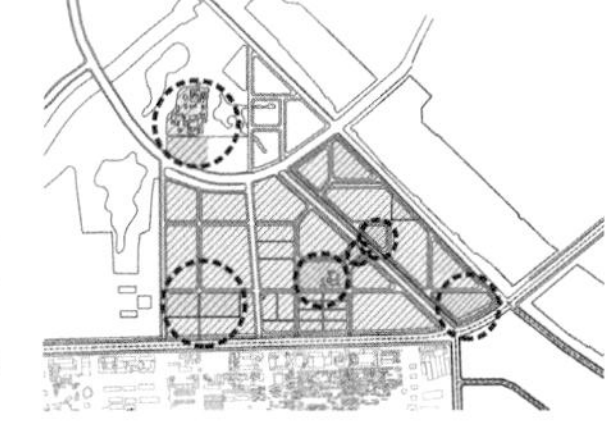

空间节点
根据现存场地条件设置三教庙文旅广场、静安寺休闲广场、能源门户等活力空间节点。

轴线视廊
根据活力节点、道路通达性、视线可达性设置纵横两条主轴及斜向、南北向次要通廊。

功能辐射
结合规划发展相关产业，为潜在需求创造条件，将场地分为商务区、文创区及休闲区。

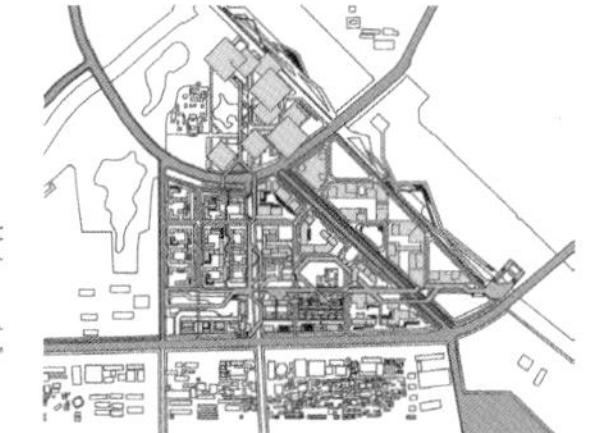

建筑
由内陆向沿河逐渐增加建筑的亲水性，整体设计时注重城市天际线。

生态·城·智慧——未来之城 3

设计说明

两条轴线：项目通过两条轴线贯穿整个场地。人文历史轴：通过历史街道、北一南大街，形成历史文化街，还原通州的历史文脉轴线。智慧生态轴：通过打造高线公园，贯通东西两边的生态景区：西海子公园与北运河。途中形成蓝红两点：生态街心广场与对应景点。一轴贯穿两点，连接各个节点。

海绵环境系统：通过雨水花园、生态湿塘、透水绿地的结合，形成两大雨水循环系统，用于绿地灌溉与水景观。

雨水收集系统：通过生态沟槽、雨水花园、屋顶绿化、蓄水绿池、渗透铺装等进行雨水收集，打造绿色景观。

动静空间区分：利用水景观将街道与居民区空间分离，使居民区封闭感更强，打造生态街道的设计理念。

整体轴线分析

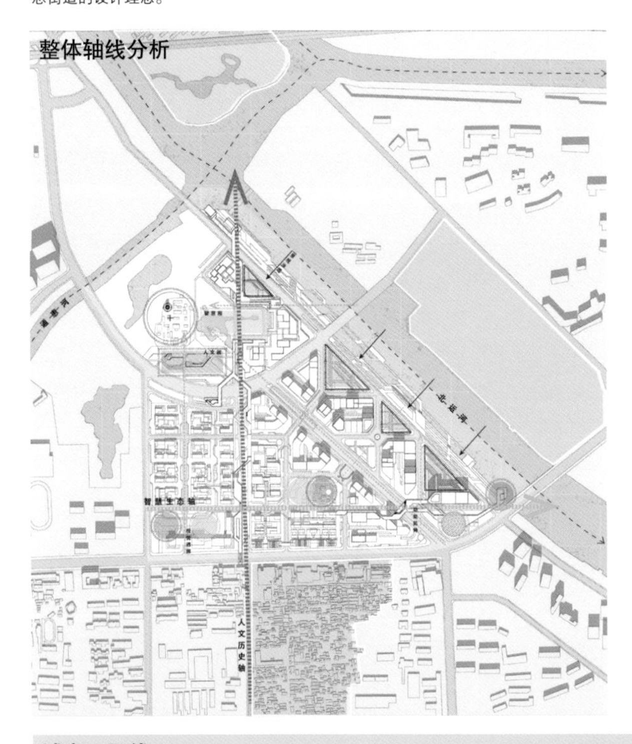

雨水花园系统分析

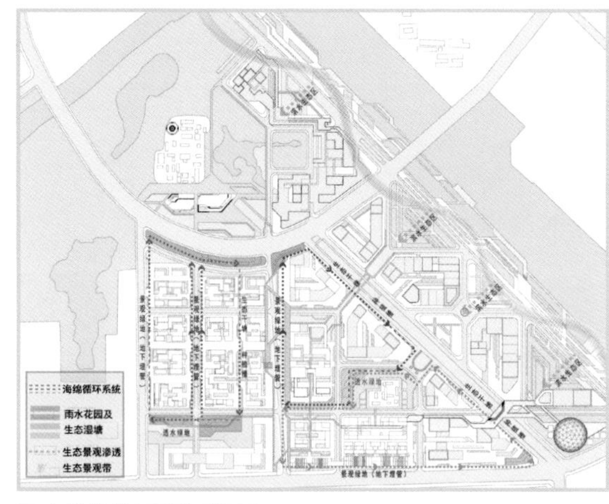

雨水收集策略分析

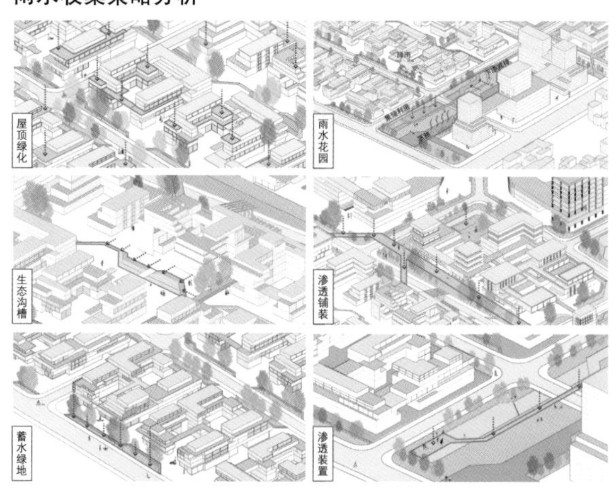

雨水收集街区断面分析

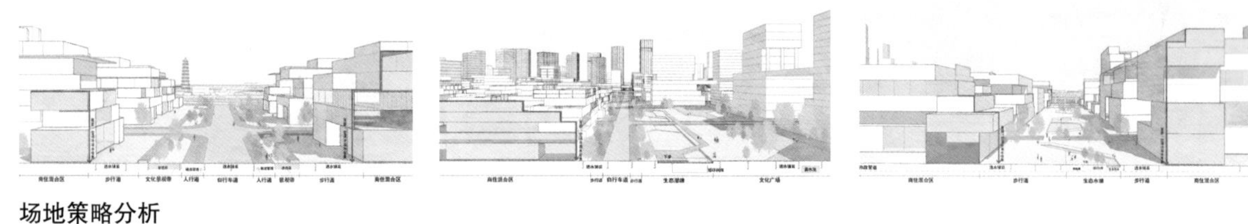

场地策略分析

交通策略

低碳策略

智慧策略

生态策略

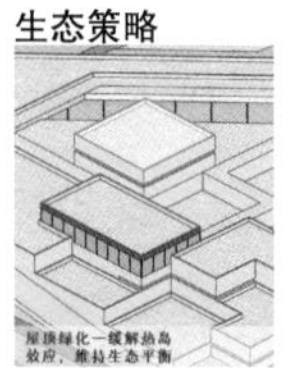

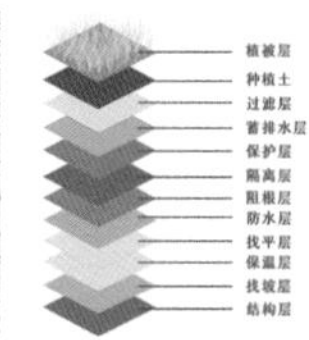

城市天际线

生态·城·智慧——未来之城 4

商住混合区　商住混合区　商住混合区　文创商业区　文创商业区　静安寺

道路等级

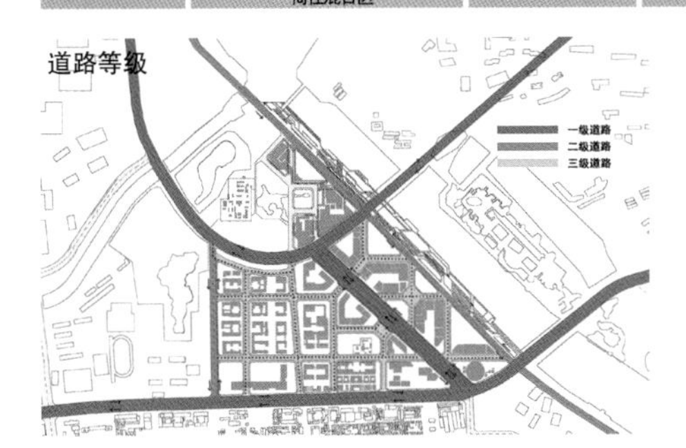

机动车行车路线

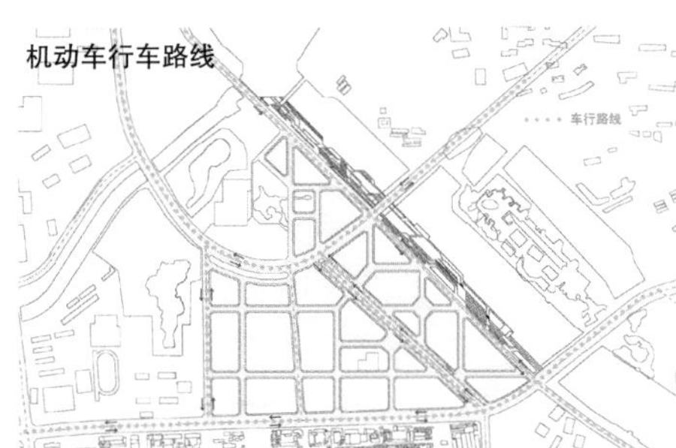

慢行路线

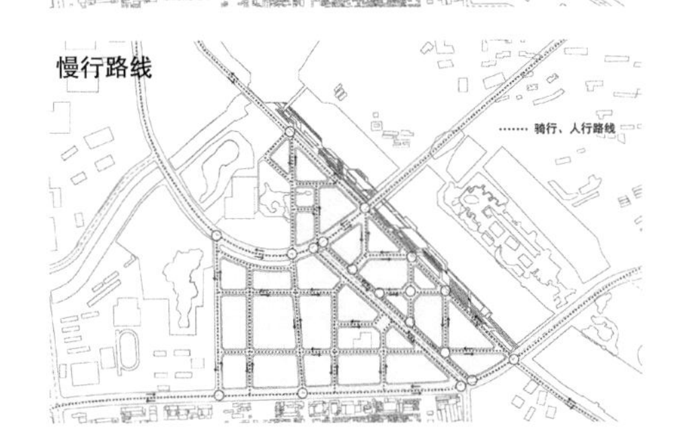

街道断面详图

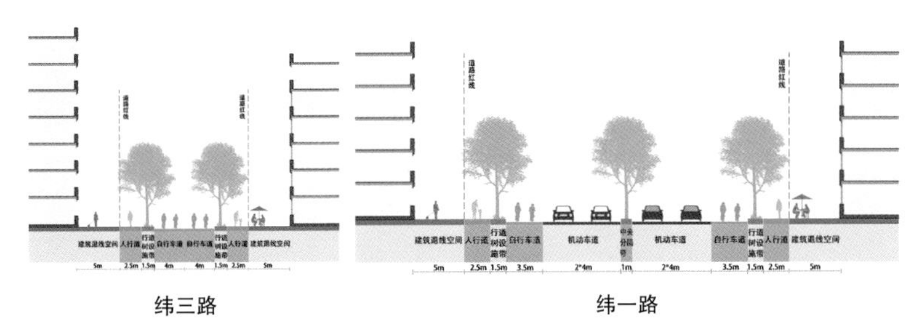

纬三路　纬一路

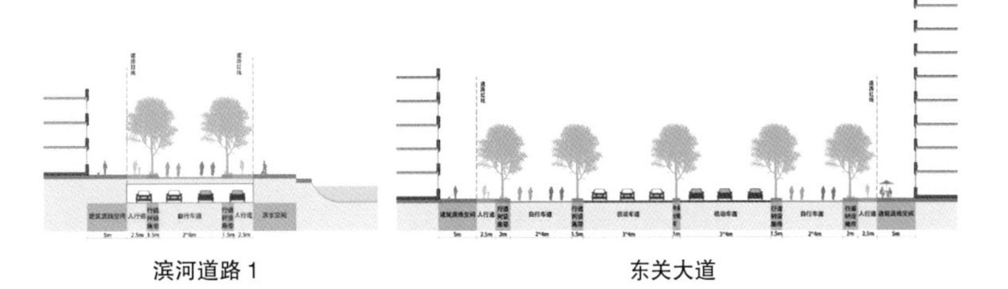

滨河道路 1　东关大道

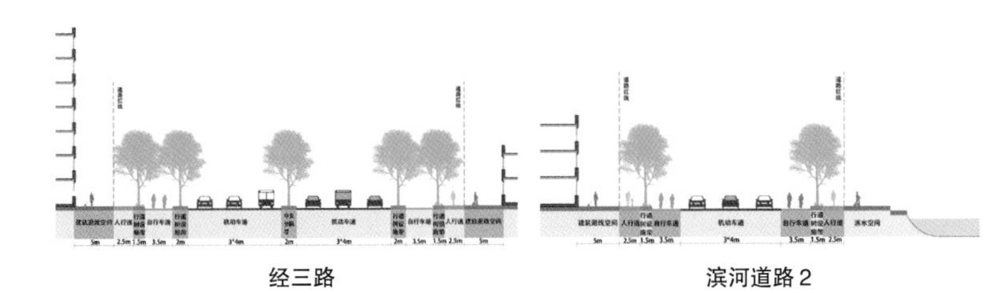

经三路　滨河道路 2

绿化系统

建筑高度

用地性质

生态·城·智慧——未来之城 5

剖面图

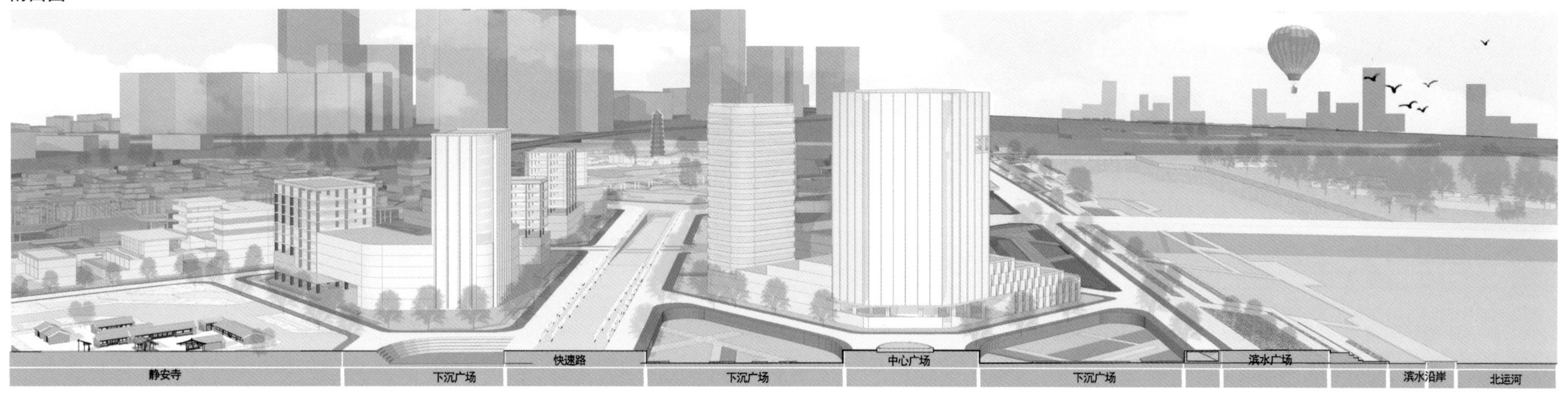

设计导则

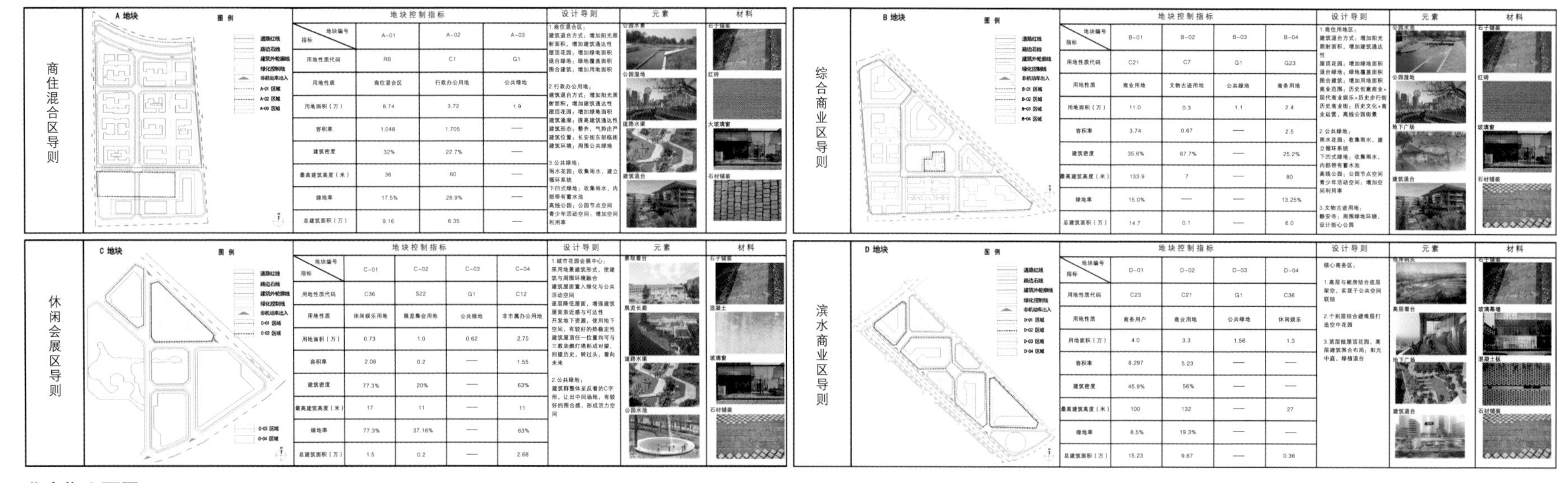

商住混合区导则

A 地块

图例：道路红线、路边石线、建筑外轮廓线、绿化控制线、非机动车出入、A-01 区域、A-02 区域、A-03 区域

地块控制指标			
指标 \ 地块编号	A-01	A-02	A-03
用地性质代码	R8	C1	G1
用地性质	商住混合区	行政办公用地	公共绿地
用地面积（万）	8.74	3.72	1.9
容积率	1.048	1.705	—
建筑密度	32%	22.7%	—
最高建筑高度（米）	36	60	—
绿地率	17.5%	28.9%	—
总建筑面积（万）	9.16	6.35	—

设计导则：

1.商住混合区：
建筑退台方式：增加阳光照射面积，增加建筑通达性
屋顶花园：增加绿地面积
退台绿地：绿地覆盖面积
围合建筑：增加用地面积

2.行政办公用地：
建筑退台方式：增加阳光照射面积，增加建筑通达性
屋顶花园：增加绿地面积
建筑通廊：提高建筑通达性
建筑形态：整齐，气势庄严
建筑位置：长安街东部临街
建筑环境：周围公共绿地

3.公共绿地：
雨水花园：收集雨水，建立循环系统
下凹式绿地：收集雨水，内部带有蓄水池
高线公园：公园节点空间
青少年活动空间：增加空间利用率

元素：公园水景、公园湿地、道路水渠、建筑退台

材料：石子铺装、红砖、大玻璃窗、石材铺装

综合商业区导则

B 地块

图例：道路红线、路边石线、建筑外轮廓线、绿化控制线、非机动车出入、B-01 区域、B-02 区域、B-03 区域、B-04 区域

地块控制指标				
指标 \ 地块编号	B-01	B-02	B-03	B-04
用地性质代码	C21	C7	G1	G23
用地性质	商业用地	文物古迹用地	公共绿地	商务用地
用地面积（万）	11.0	0.3	1.1	2.4
容积率	3.74	0.67	—	2.5
建筑密度	35.6%	67.7%	—	25.2%
最高建筑高度（米）	133.9	7	—	80
绿地率	15.0%	—	—	13.25%
总建筑面积（万）	14.7	0.1	—	6.0

设计导则：

1.商住用地区：
建筑退台方式：增加阳光照射面积，增加建筑通达性
屋顶花园：增加绿地面积
退台绿地：绿地覆盖面积
围合建筑：增加用地面积
商业范围：历史创意商业+现代商业娱乐+历史步行街
历史商业街：历史文化+商业运营，高线公园街景

2.公共绿地：
雨水花园：收集雨水，建立循环系统
下凹式绿地：收集雨水，内部带有蓄水池
高线公园：公园节点空间
青少年活动空间：增加空间利用率

3.文物古迹用地：
静安寺：周围绿地环绕，设计街心公园

元素：公园水池、公园湿地、地下广场、建筑退台

材料：石子铺装、红砖、玻璃窗、石材铺装

休闲会展区导则

C 地块

图例：道路红线、路边石线、建筑外轮廓线、绿化控制线、非机动车出入、C-01 区域、C-02 区域、C-03 区域、C-04 区域

地块控制指标				
指标 \ 地块编号	C-01	C-02	C-03	C-04
用地性质代码	C36	S22	G1	C12
用地性质	休闲娱乐用地	展览集会用地	公共绿地	非市属办公用地
用地面积（万）	0.73	1.0	0.62	2.75
容积率	2.08	0.2	—	1.55
建筑密度	77.3%	20%	—	63%
最高建筑高度（米）	17	11	—	11
绿地率	77.3%	37.16%	—	63%
总建筑面积（万）	1.5	0.2	—	2.68

设计导则：

1.城市花园会展中心：
采用地景建筑形式，使建筑与周围环境融合
建筑屋面置入绿化与公共活动空间
逐层降低屋面，增强建筑屋面亲近感与可达性
开发地下资源，使用地下空间，有较好的热稳定性
建筑屋顶任一位置均可与三教庙燃灯塔形成对望，回望历史，转过头，看向未来

2.公共绿地：
建筑群整体呈反着的C字形，让出中间场地，有较好的围合感，形成活力空间

元素：景观看台、展览长廊、道路水渠、公园水池

材料：石子铺装、混凝土、玻璃窗、石材铺装

滨水商业区导则

D 地块

图例：道路红线、路边石线、建筑外轮廓线、绿化控制线、非机动车出入、D-01 区域、D-02 区域、D-03 区域、D-04 区域

地块控制指标				
指标 \ 地块编号	D-01	D-02	D-03	D-04
用地性质代码	C23	C21	G1	C36
用地性质	商务用户	商业用地	公共绿地	休闲娱乐
用地面积（万）	4.0	3.3	1.56	1.3
容积率	8.297	5.23	—	—
建筑密度	45.9%	56%	—	—
最高建筑高度（米）	100	132	—	27
绿地率	8.5%	19.3%	—	—
总建筑面积（万）	15.23	9.67	—	0.36

设计导则：

核心商务区：

1.高层与裙房结合底层架空，实现于公共空间联结

2.个别层结合避难层打造空中花园

3.顶层做屋顶花园，高层建筑围合布局；阳光中庭，绿植退台

元素：临岸码头、高层看台、地下广场、建筑退台

材料：石子铺装、玻璃幕墙、混凝土板、石材铺装

北大街立面图

生态 · 城 · 智慧 —— 未来之城 6

商住混合区建筑生成过程分析

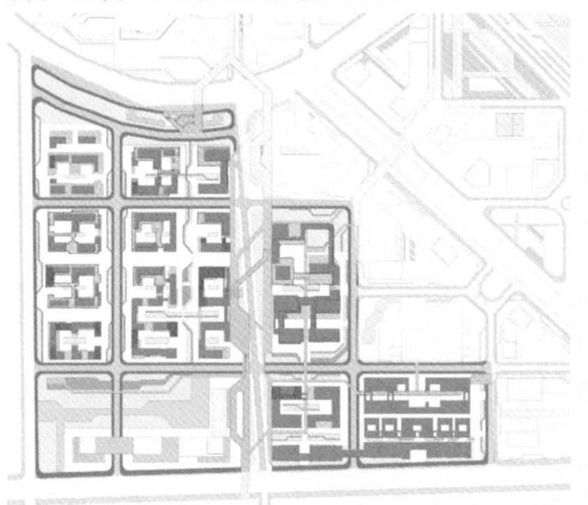

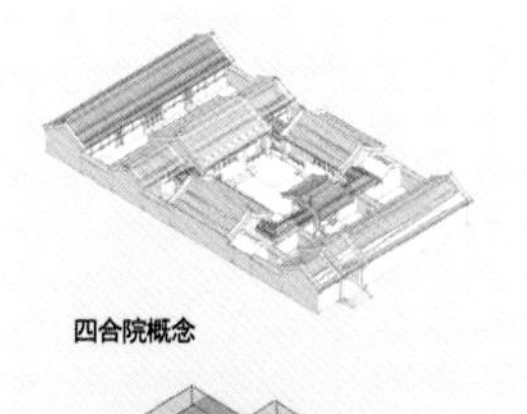

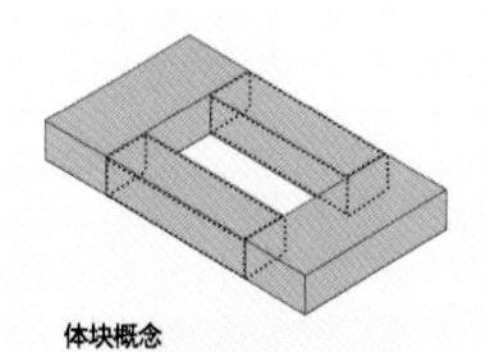

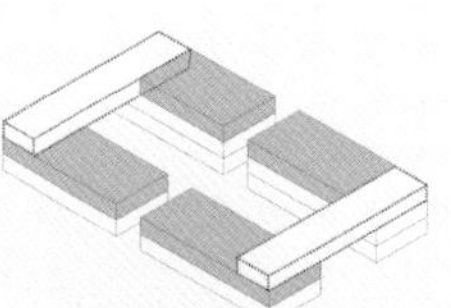

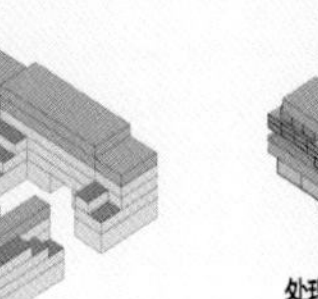

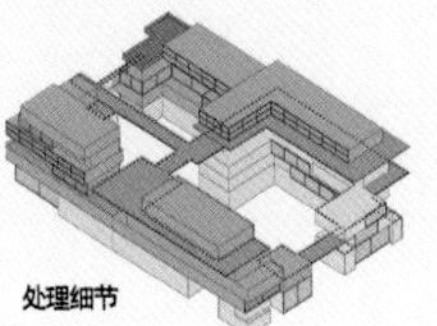

燃灯塔视觉通道鸟瞰效果图

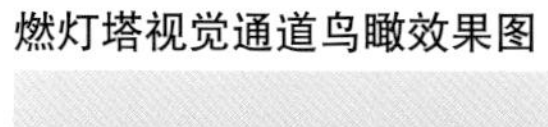

高架生成过程分析与局部节点

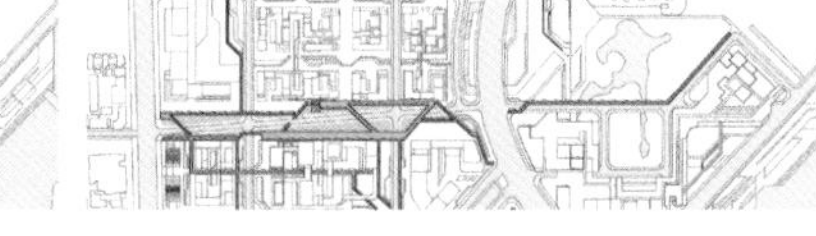

人文历史卷轴

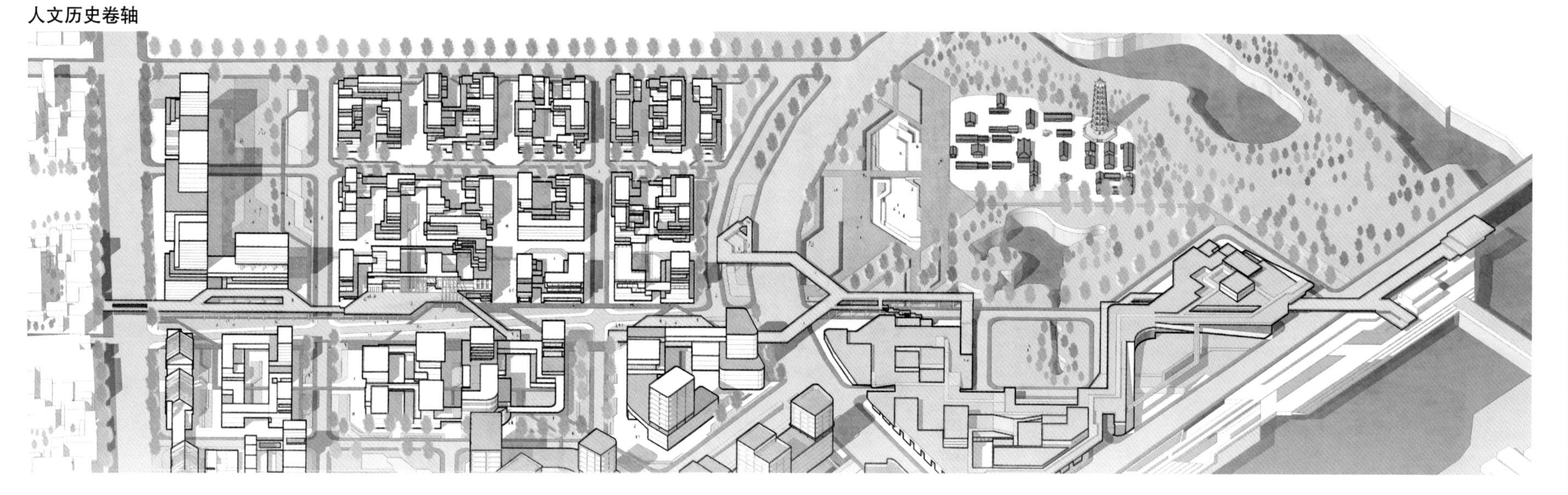

生态·城·智慧 —— 未来之城 7

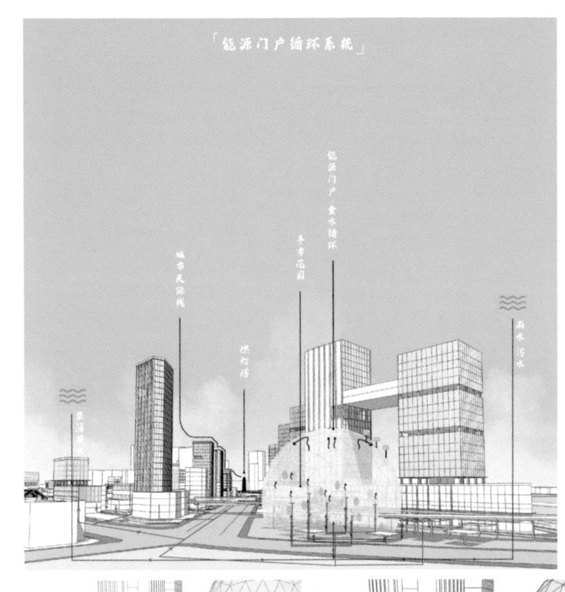

（一）

建筑位于土坝码头附近，作为坐游船而来及东南方向进入此片区的标志性门户，其充满未来感的外形暗示了建筑在此地发挥的特殊作用，告诉人们："欢迎来到智慧城市！"

（二）

能源门户是一个地热发电厂，同时也是一处连接商务办公人员与社区居民的城市室内花园、此外还配备太阳能板及雨水收集处理系统，将能源集中处理后供给周边低高密度区，满足其中的生活使用需求。

建筑均采用模块化构件进行建造，球状玻璃框架构成建筑外骨骼，部分玻璃可换为太阳能板，内部单体平台构件采用可循环材料建造，同时实现单体的可生长、可替换功能。

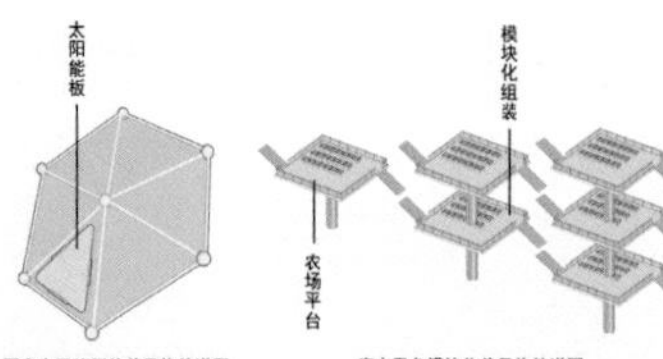

配有太阳能板的单元构件详图　　室内平台模块化单元构件详图

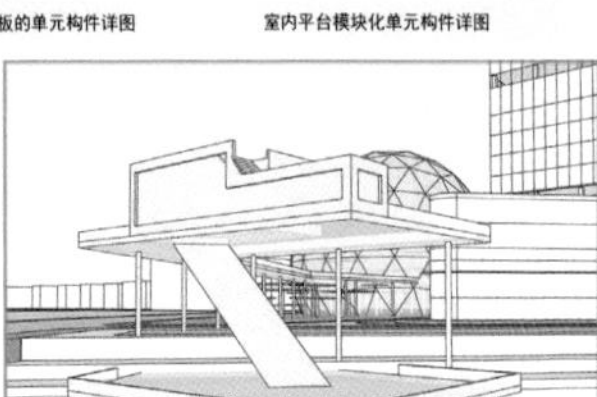

1. 东关大道上方设置了一个高架观望大台阶，与燃灯塔形成很好的视线关系。

2. 高架穿过高层建筑的下方空间，串联了综合商务区与核心商业区，解决了东关大道对两侧地块的割裂问题，有效连接了两侧地块。

3. 古土坝码头附近设置滨水景观观赏台，可置入河边休闲咖啡馆等功能，与旁边过河道路形成的视线关系体现出一种友好展示与迎接的姿态。

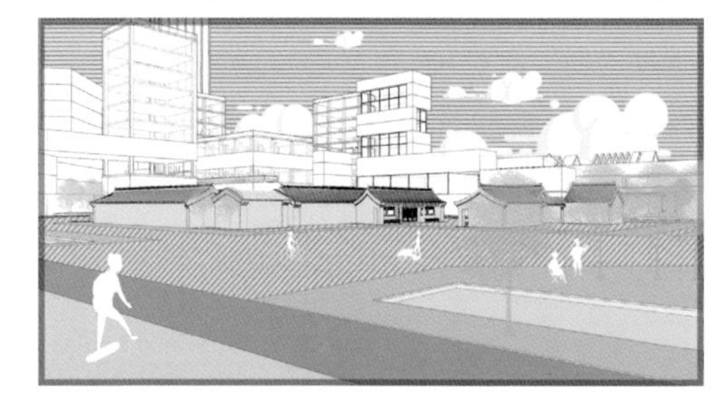

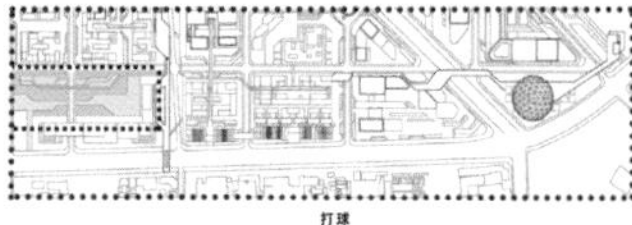

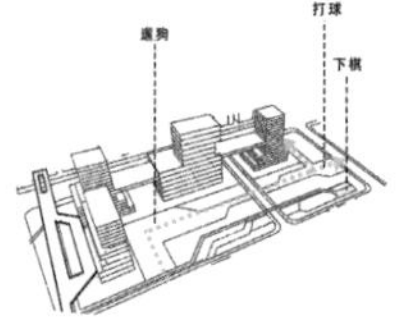

广场位于生态轴西侧，商住混合区处，为居民提供活动场所。空旷的广场为居民提供运动（如球类）的活动空间；绿化、滨水地带为休闲活动（如下棋）提供活动空间，同时为居民散步等提供场所。整个广场起到区域居民活动疏解、生态缓解、水循环的作用，是生态轴线的启示点。

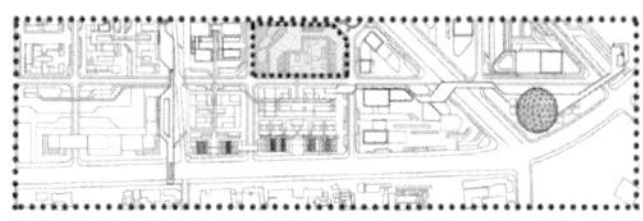

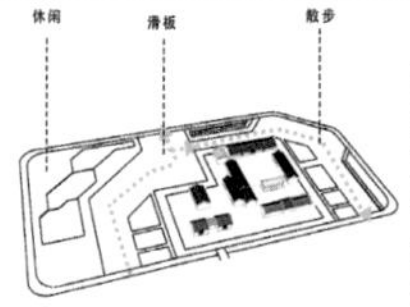

静安寺广场位于文创商业区与商务区交界处，主要服务于游客与工作人员。广场为游客提供休憩空间，为工作人员提供休闲散步的场所。空旷的广场空间，为紧邻的下沉广场及地铁站提供人流疏解的作用，避免人流拥堵。同时，静安寺广场成为生态轴线上又一重要节点。

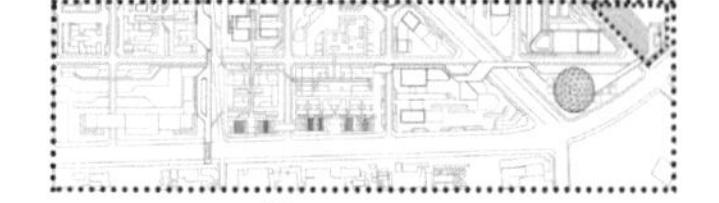

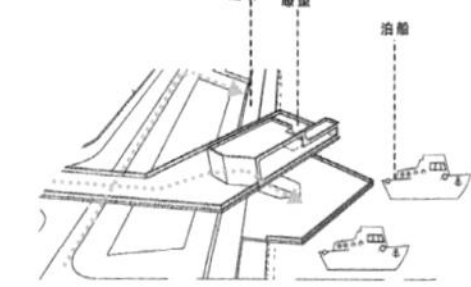

码头的位置为土坝码头遗址的位置。码头与高线公园相连接，构成码头的入口，同时，为人们提供在高处瞭望的场所。
河岸是为人们提供散步、跑步、骑行等运动的场所。码头及河岸为生态轴线收尾的节点。

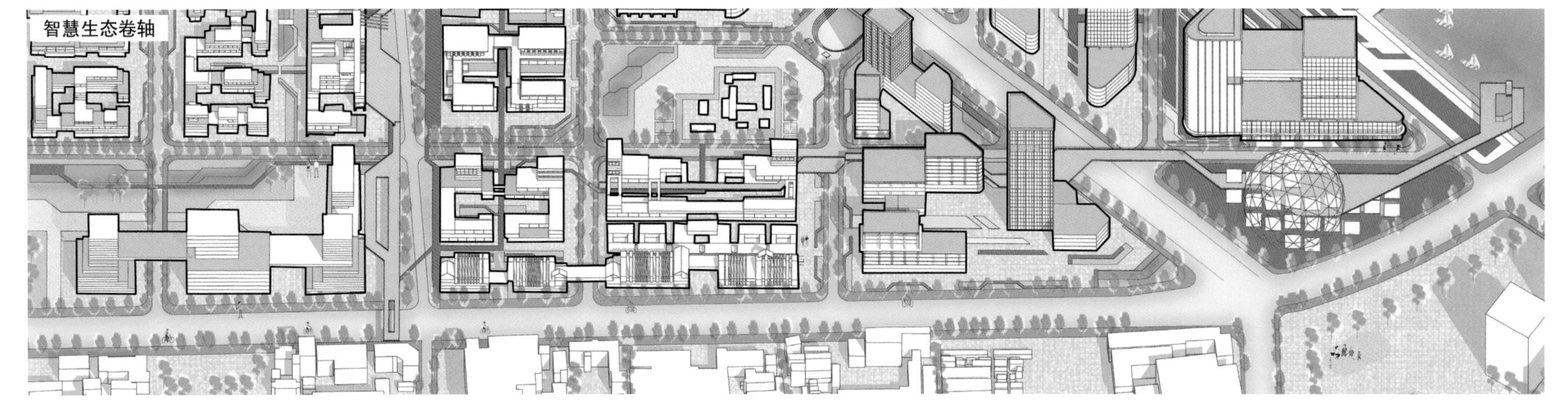

生态·城·智慧——未来之城 8

滨水休闲区分析

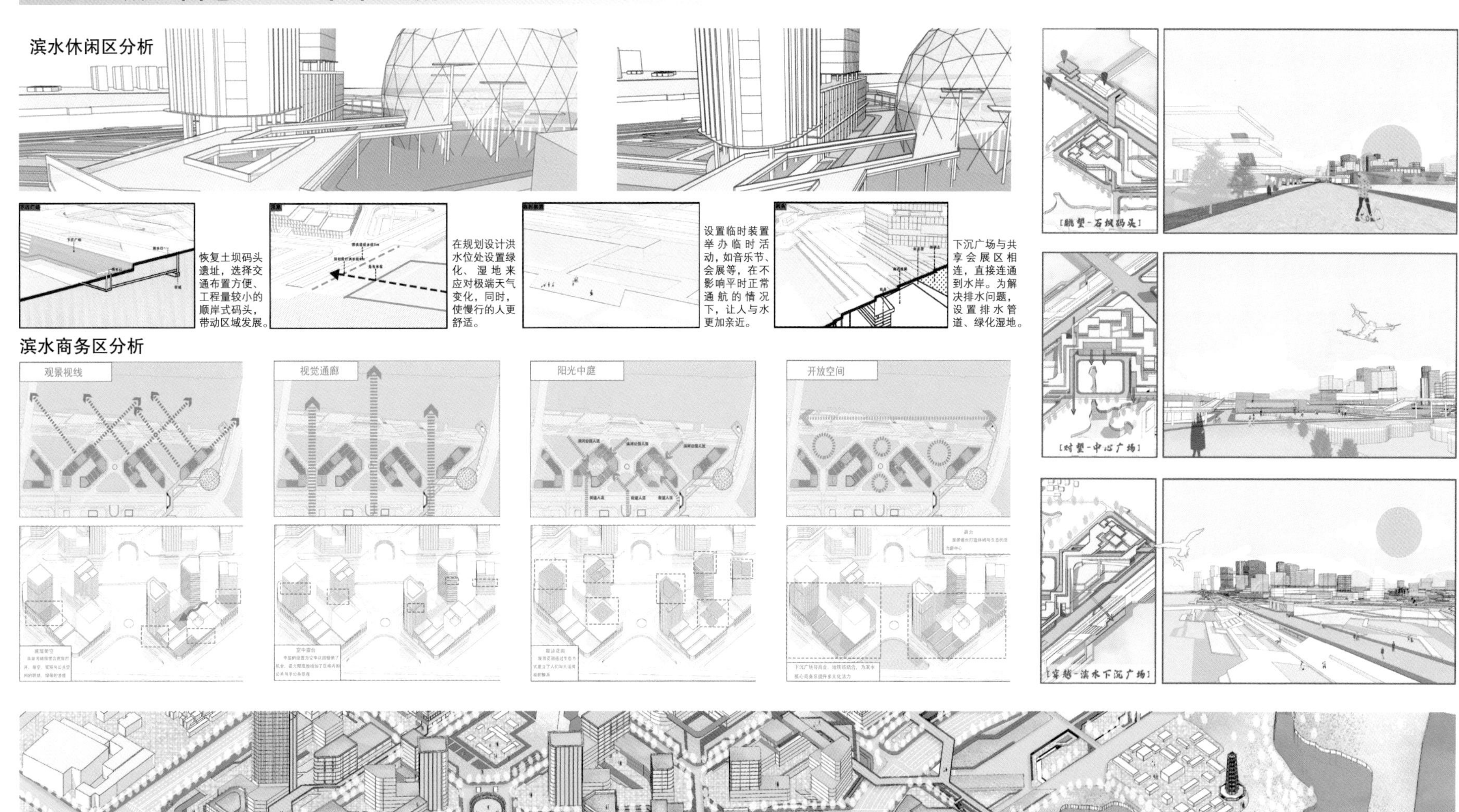

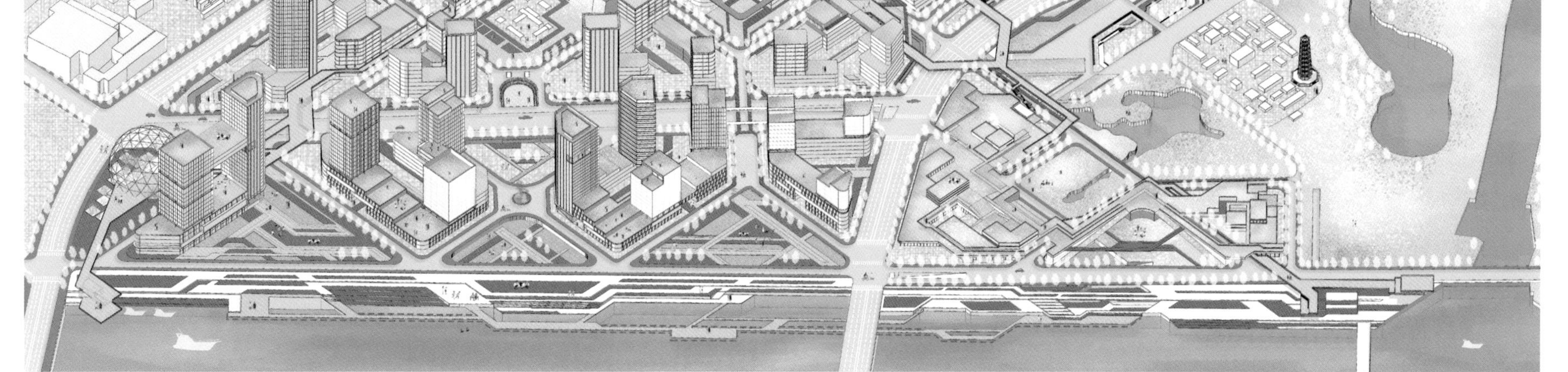

生态·城·智慧 —— 未来之城 9

设计方案总结

▼

项目位于北京市通州区城市副中心运河商务区，以北京非首都功能疏解为首要任务，联合带动北三县进行发展，而运河商务区作为一块还未被充分开发的“空地”，给我们的设计创造了足够的可以畅想北京城市副中心未来样貌的园地。

作为北方为数不多的有水城市，运河商务区的生态环境资源十分优越，是此地块较为明显且独特的一个特征。结合绿色可持续发展、生态保护及科技未来等理念，我们希望未来的城市可以与自然生态有更为友好的共存关系，于是将设计理念定位为“智慧生态之城”，讨论探索诸多结合未来科技发展的可持续生态理念与策略。

在“生态”方面，方案主要采用全场地雨水花园循环系统、地景建筑、绿色屋顶、太阳能板、地热能源转换、雨水污水及生活用水循环系统、生态高架等，尝试在不同地块选用合适的生态策略，让运河商务区成为一个生态试验田，带动北三县等地进行生态理念的创新发展。

在“智慧”方面，方案主要采用智慧停车系统、慢行街道智慧低碳空间、室内智能模块化农场平台构建等策略，通过物联网技术使人对场地及建筑内部情况进行实时监测及了解。在场地内部提倡慢行交通系统，以各共享单车停放点接驳场地内部各功能区，设置部分地下停车点，为未来无人驾驶汽车的智慧化出行提供可能。

其他设计策略包含：整个设计中，以各历史节点及活力节点为线索，引入人文历史及智慧生态两轴线，确定“三庙一塔”及静安寺的核心地位。在“三庙一塔”周边区域的建筑设计中，滨水区采用地景建筑压低姿态，最大化尊重历史文化。商住混合区以传统四合院围合式的布局为启发，利用底层架空、空中连廊、屋顶绿化等设计手法进行传统空间的现代化转译。滨水空间采用阶梯式休闲平台，化解场地现存高差问题。滨水高层建筑采用退台式建筑形态，与运河形成很好的呼应关系。

小组收获与感悟

▼

白茹雪
保持愉悦，大胆创新，求同存异；认真倾听，挑战自己，不断学习；保持质疑，不断思考，虚心求教。有幸参与，感谢遇见，感恩让我有所学习、帮助过我的每个人！

李祥山
在2021年这个充满挑战的一年，我有幸参加了“四校+1”联合城市设计。学校通过努力为我们争取到了去北京实地调研的机会，我非常难忘那段与同学合作的日子。经过后来的两次答辩，老师提出了非常宝贵的意见，我也领悟到了很多专业思维和合作方法。再次感谢主办和参与这次联合设计的学校，为我们提供了难得的学习和交流机会。

孟小琪
能参与到“四校+1”联合设计对我来说十分荣幸，同时，第一次接触到城市设计，对我来说也是一次考验。特别开心能与大家一起交流汇报，学习到其他院校的长处。今后我会在学习、探索的路上不断前行。

高靖
非常有幸能够参与这次联合设计，在调研过程中与各个学校的同学愉快地合作，感受到了不同学校的多样性，也让我认识到了与以往认知不同的建筑学。在设计阶段，与小组同学不断磨合，也让我学会如何进行有效沟通和高效配合，如何求同存异，发现每个人的闪光点。总之，劳逸结合，开心地做设计才是最重要的。

刘璐
这次联合设计让我印象最深的，就是团队合作需要恰当的妥协与能力的奉献，需要每个组员各取所长。团队合作中锦上添花是亮点，雪中送炭才是优势。所涉及的设计思路如宏观把控的设计理念、创新大胆的设计想法、严谨的设计方案，都是这次联合设计带给我的礼物。

感想与致谢

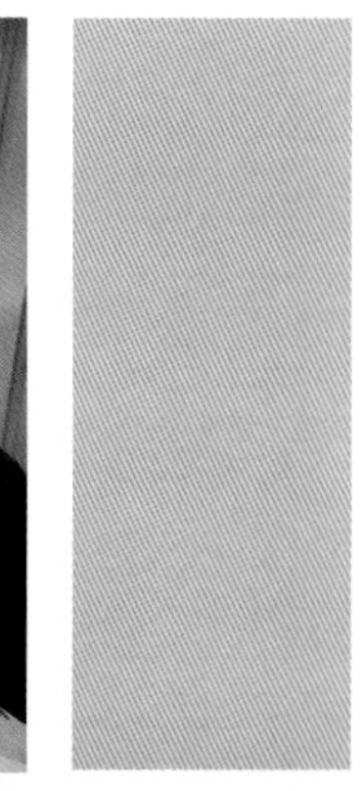

本次北方“四校+1”联合设计的经历在我们的求学阶段留下了非常深刻的印象，初期实地混编调研的创新调研形式让各校同学有机会互相探讨、学习与合作，愉快难忘的合作经历让我们在后期仍保持着联系，继续探讨一些问题。两次答辩进行设计交流时，同学们富有创新性的想法以及老师们专业精准的点评，开拓了我们的设计思路，收获到更多专业的改进建议。有幸参与，有幸遇见，收获颇丰，实不虚此行。

北京·通州

北京城市副中心运河中心商务区城市设计

开合之间——追溯 重生 展望

山东建筑大学一组

崔薰尹　成婷婷　曹靖瑗　赵凌志

开合之间——追溯 重生 展望 1

逻辑搭建

前期分析			问题	切入点
城市概况	区位、经济、人口			
道路交通	宏观、中观、微观		可达性、人车混行、缺乏界面	结合滨水地带/公共空间打造慢行系统；利用视觉通廊、历史文脉塑造道路界面
物质空间	街区地块			
	道路交通	功能分布、建筑体量、历史建筑、天际线	新旧对比与差异	缔造场所原型，部分沿袭古城肌理；利用滨水地带削弱新旧体量明显差异
	公共空间	城市道路、滨水空间、公园绿化、商业空间	组织无序、单一匀质、两岸割裂	优化空间秩序；创造复合空间

基地现状

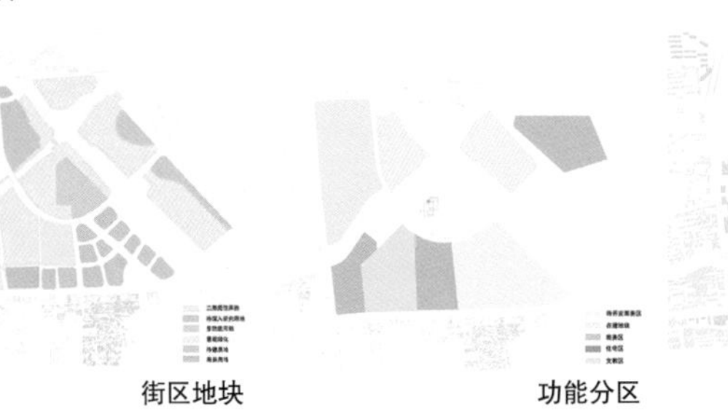

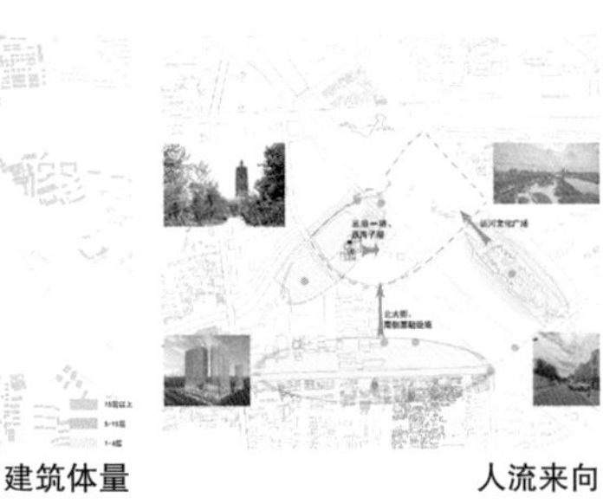

街区地块 功能分区 建筑体量 人流来向

历史建筑

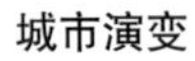

人口

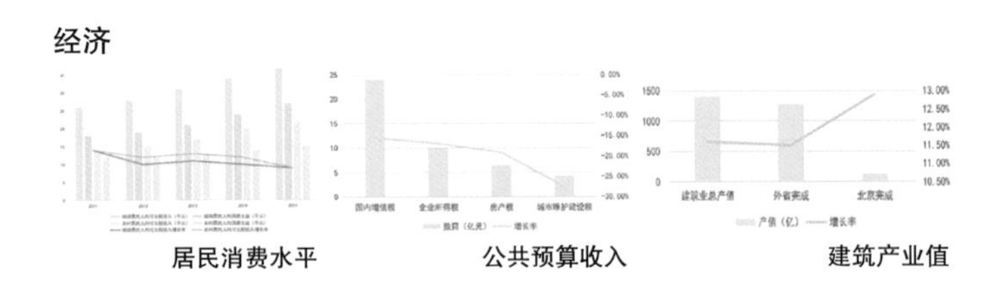

经济

居民消费水平 公共预算收入 建筑产业值

城市演变

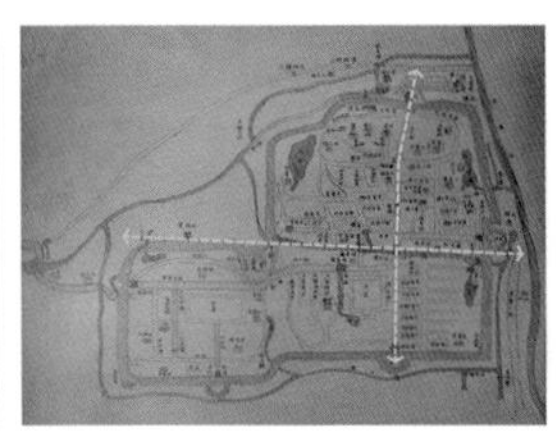

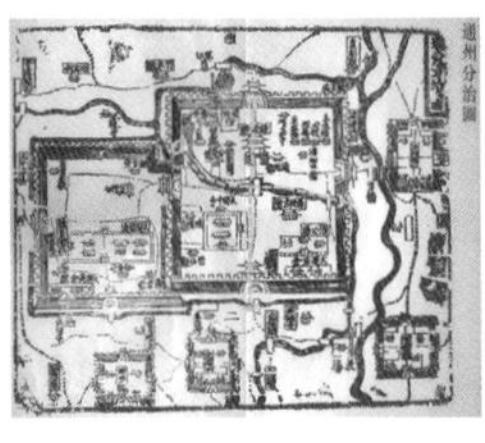

通州分治图 → 古代通州地图 → 1972 年通州 → 通州现状

城市印象

开合之间——追溯 重生 展望 2

基地调研

车行道路
公共空间十分局促，人行道窄，等待处缺乏公共空间

桥上道路
人行道与车行道之间缺少空间分隔，体验不佳

街区道路
人行道狭窄逼仄

公建道路
沿街建筑有公共空间的退让，体验较舒适，可与内部社区连通

社区道路
道路转角处，与社区结合，设置宜人尺度的小型公共空间

三庙一塔
三庙一塔区域路径引导、停留休憩的空间节点多，舒适性好

滨水线性
沿河没有骑行系统道路，步行道路呈现单一的线性空间，缺乏停留空间

滨水桥下
桥下空间处于未利用状态，缺乏相应功能设置，市民使用舒适性差

滨水广场
滨水存在过大尺度的广场，吸引人流少

滨水绿化
空间利用率低

道路绿化
转角处绿化提供给行人更为舒适安全的流线

公园绿化
周边建筑围合弱的口袋公园显得空旷，吸引人流少

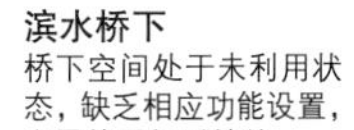

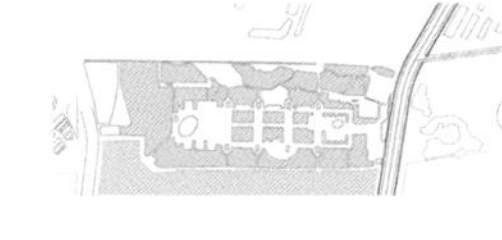

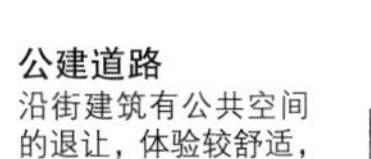
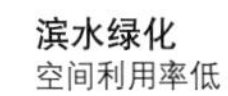
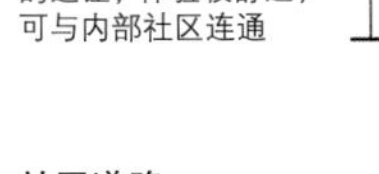
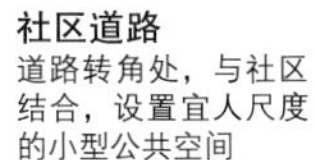
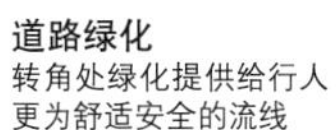
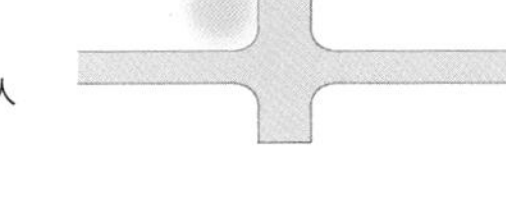
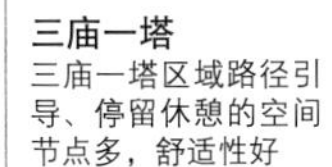

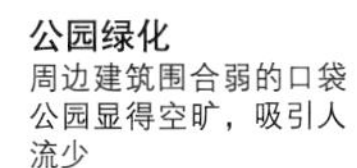

基地要素

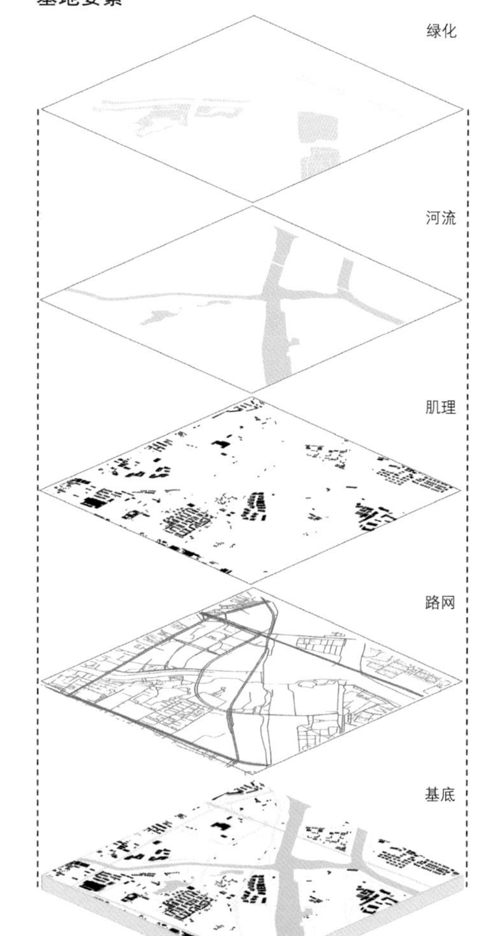

城市印象

开合之间——追溯 重生 展望 3

宏观策略

两岸割裂问题：河水分隔、功能体量不同、风貌不同

两岸联系要素：滨水区、主要交通道路和桥梁

以慢行系统为切入点，结合文脉、公共空间、视觉通廊加强两岸的联系

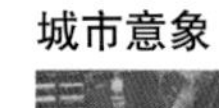

慢行系统推演过程

西岸结合廊道历史文脉、绿化景观、广场空间节点以及视线可达性，确定廊道走向，进行节点串联

东岸滨水区结合公共空间节点以及桥、西岸的视线呼应确定滨水区慢行系统走向

路网组织

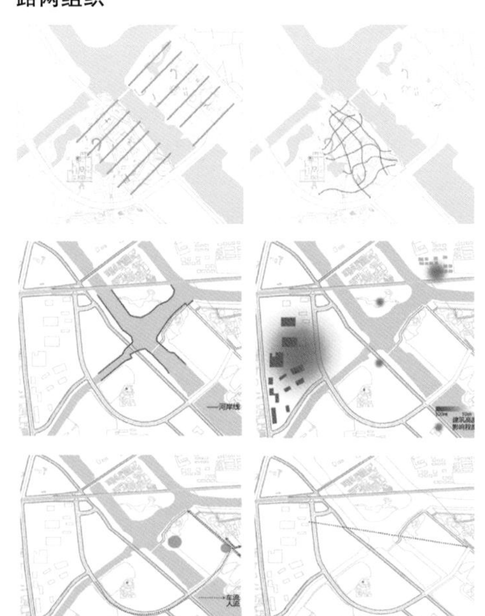

建筑体块

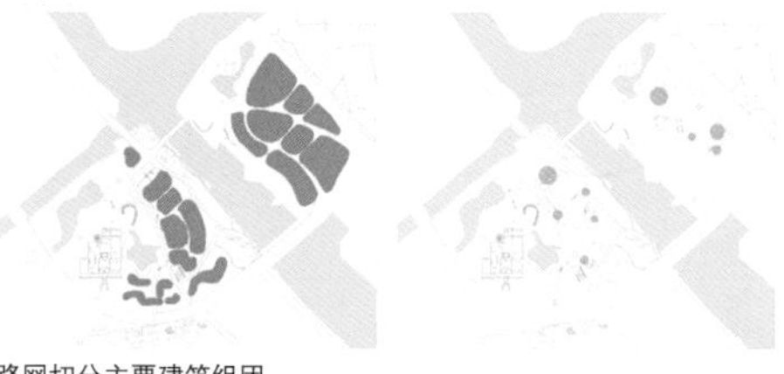

路网切分主要建筑组团

结合内部空间和对界面的退让设置进行体块切削

城市意象

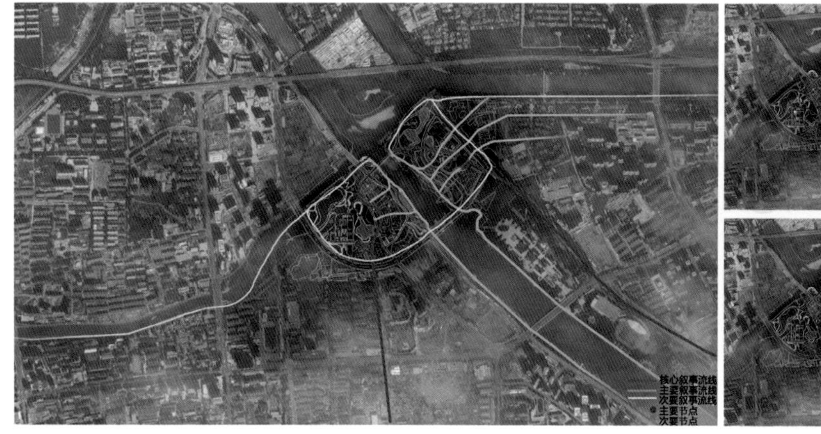

功能分区及业态分布

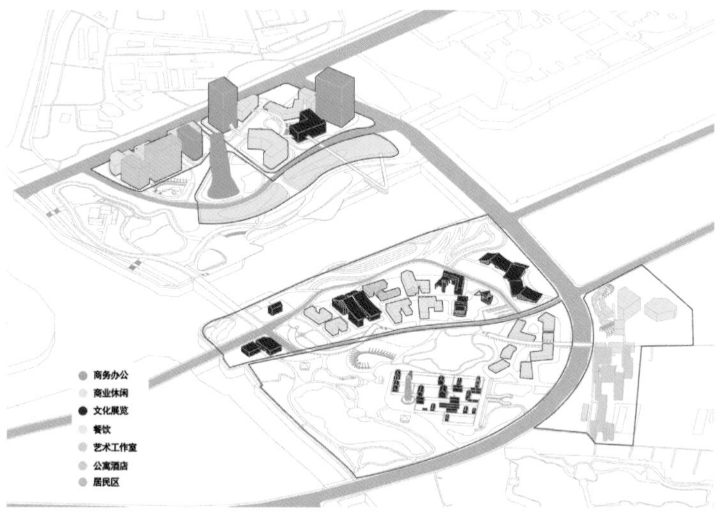

片区划分

业态比例

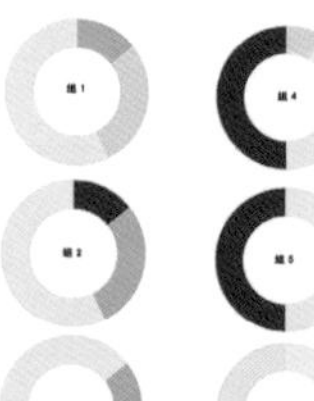

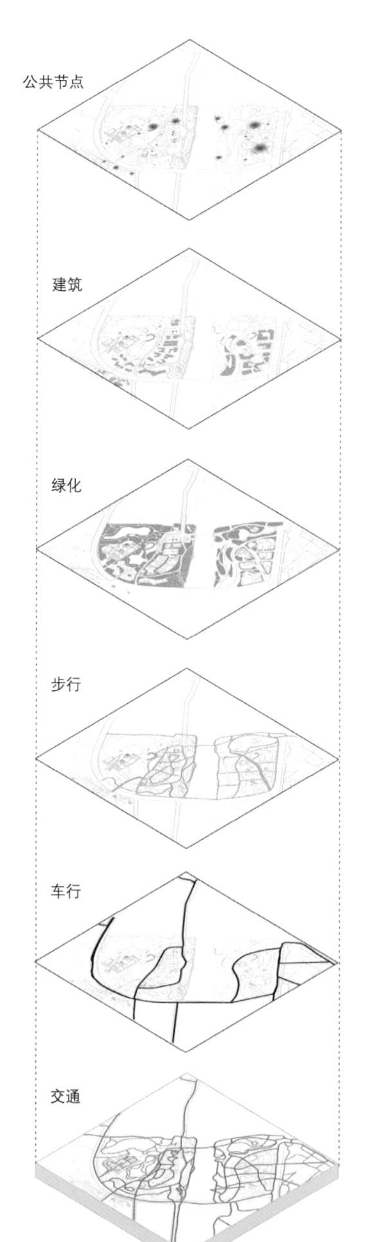

开合之间——追溯 重生 展望 4

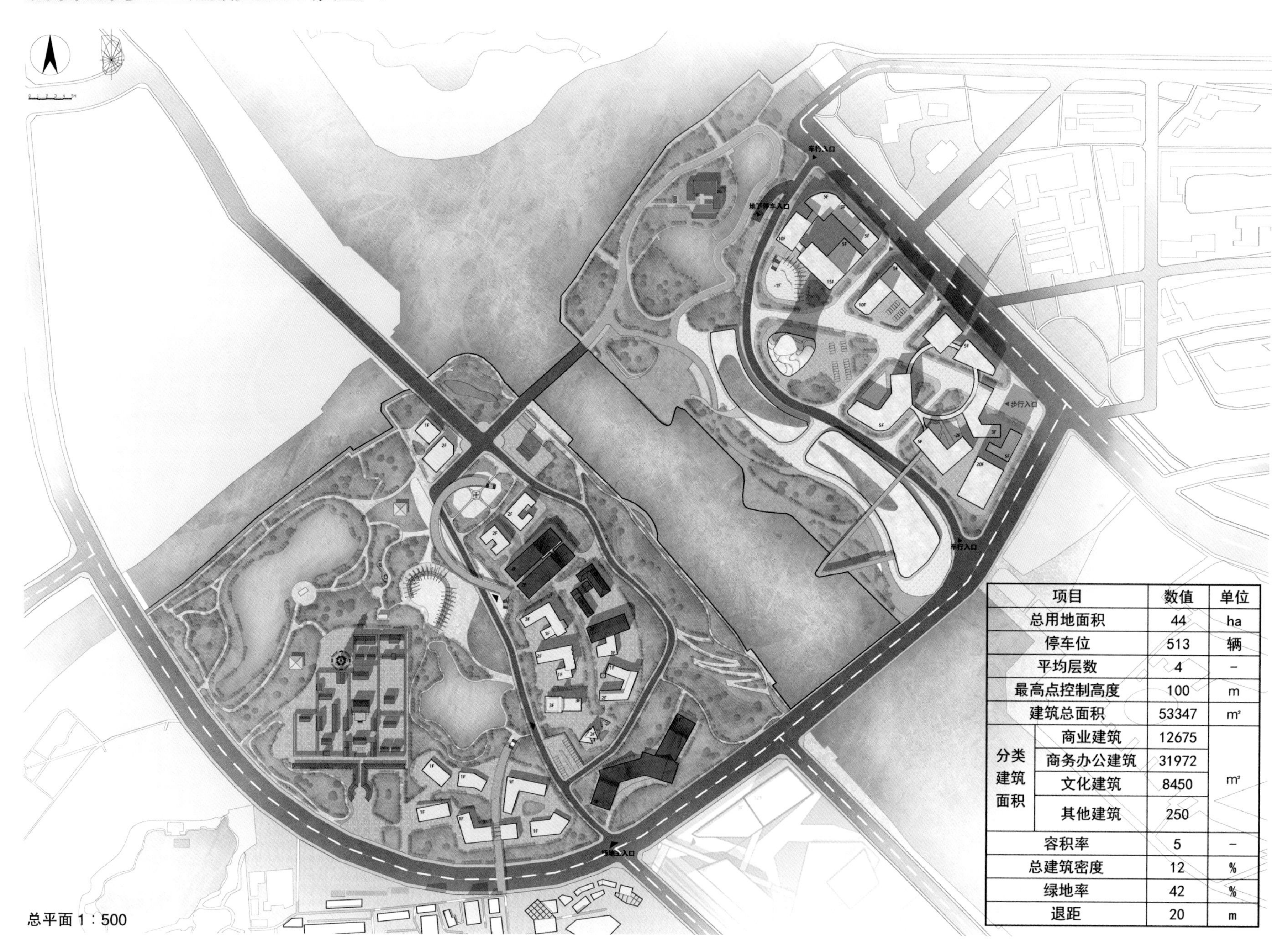

项目		数值	单位
总用地面积		44	ha
停车位		513	辆
平均层数		4	-
最高点控制高度		100	m
建筑总面积		53347	m²
分类建筑面积	商业建筑	12675	m²
	商务办公建筑	31972	
	文化建筑	8450	
	其他建筑	250	
容积率		5	-
总建筑密度		12	%
绿地率		42	%
退距		20	m

总平面 1：500

开合之间——追溯 重生 展望 5

开合之间——追溯 重生 展望 6

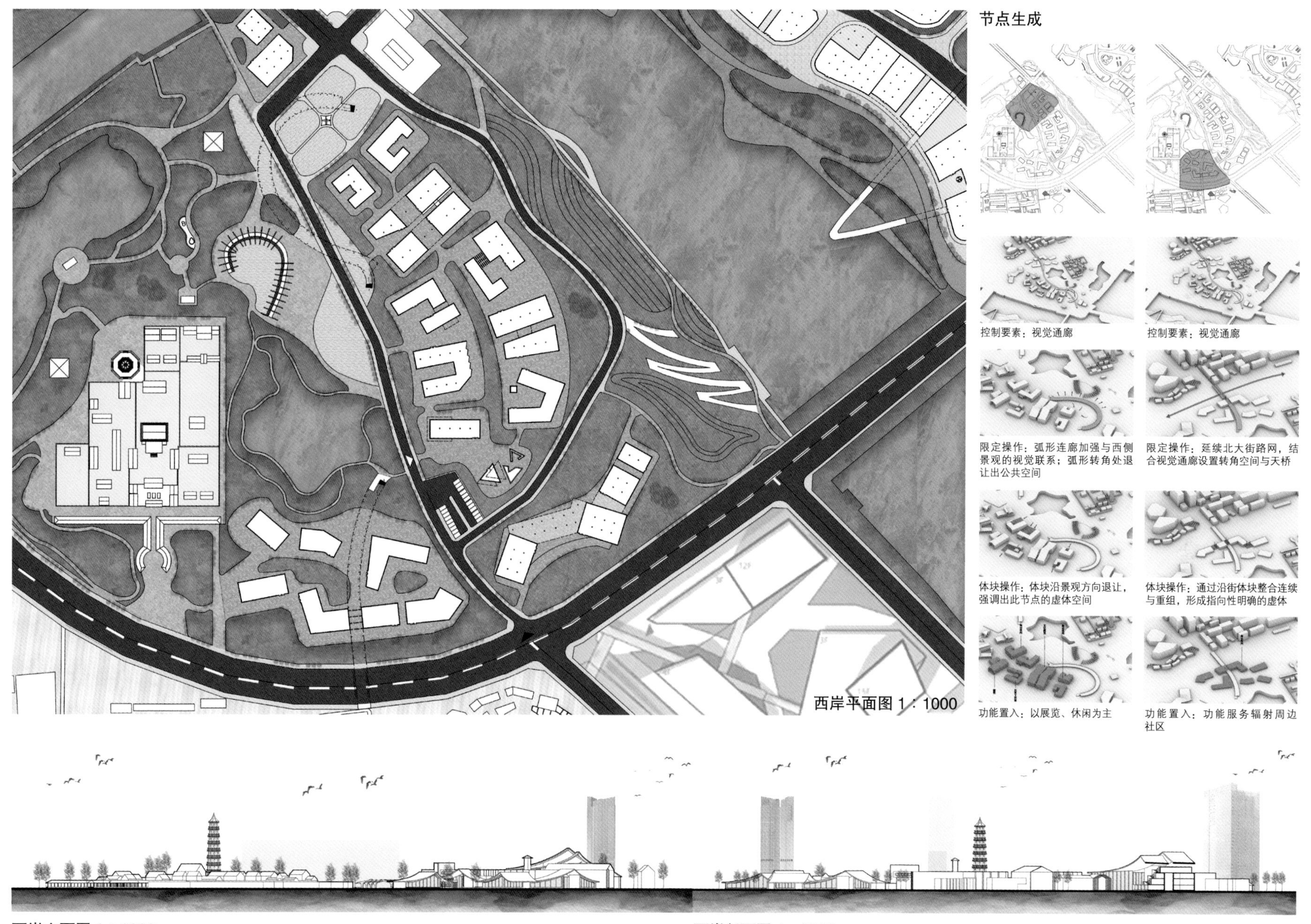

西岸立面图 1：1000

西岸剖面图 1：1000

开合之间——追溯 重生 展望 7

透视图

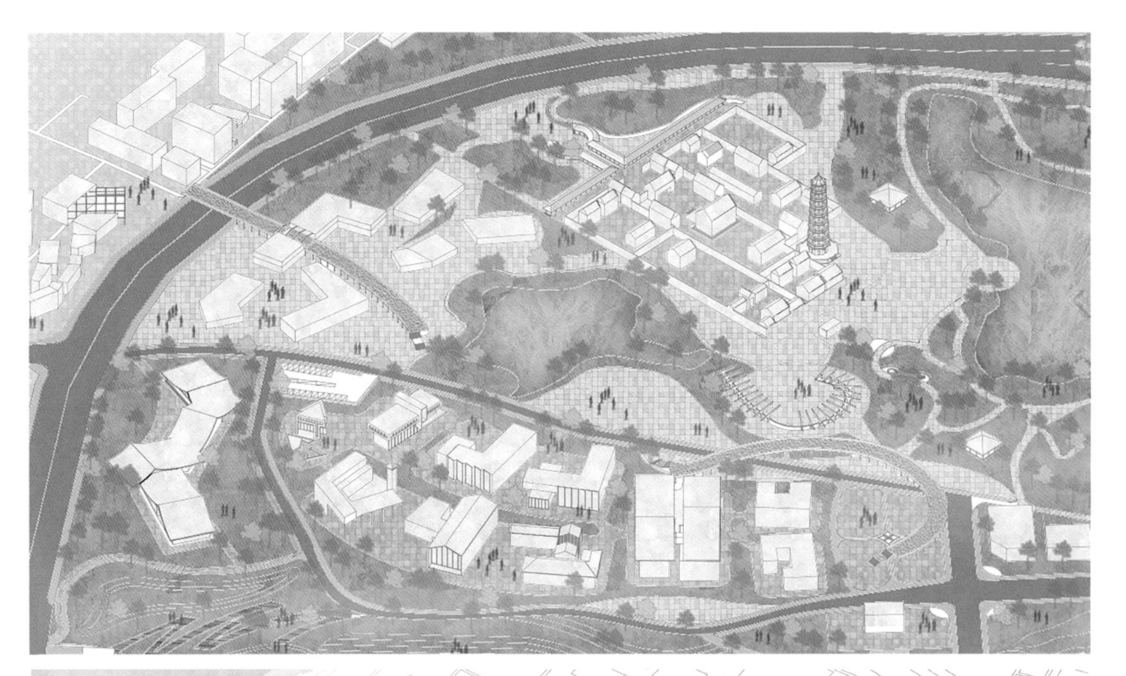

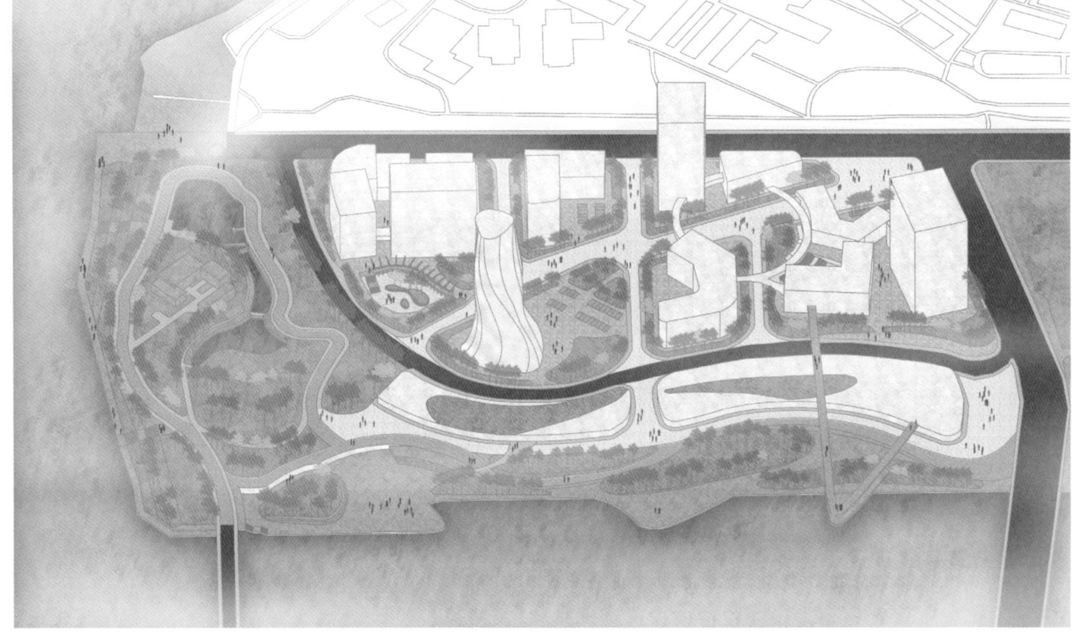

滨水设计

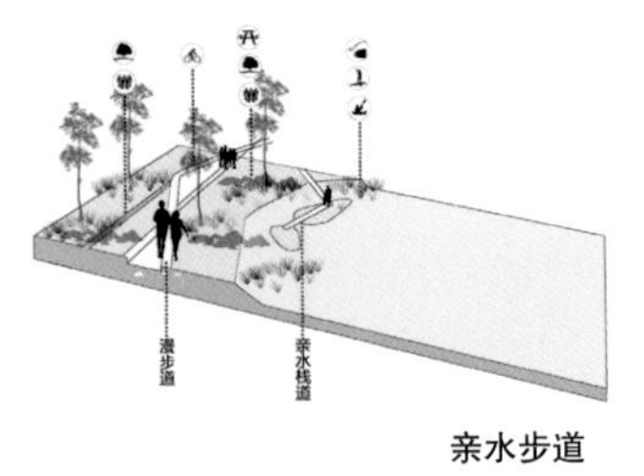

亲水步道

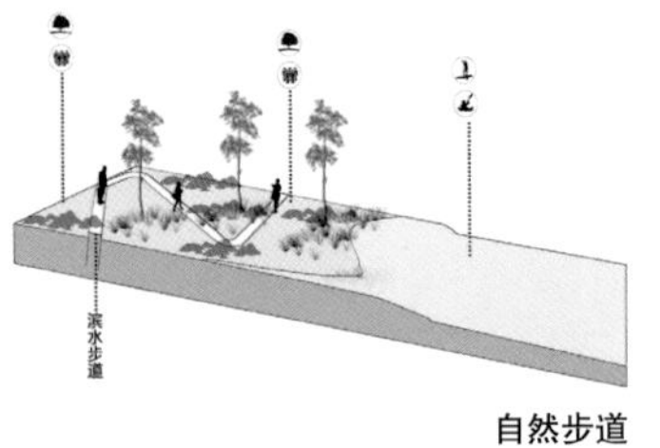

自然步道

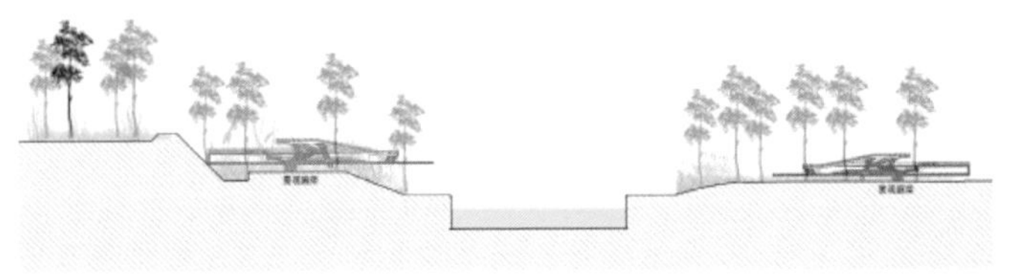

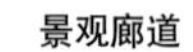

景观廊道

开合之间——追溯 重生 展望 8

设计说明

开合之间——蓝绿交织的运河两岸：沿运河两侧设置一系列节点和带状空间，增加路网与运河的渗透性，增强河两岸联系，营造运河商务区蓝绿交织的区域，作为商务区的呼吸之肺，融于自然。

基本逻辑是从宏观策略、路网组织、交通系统、建筑体块这几个方面依主次深入展开，聚焦于运河两岸的割裂问题进行具体操作。首先，主要的切入点是慢行系统的营造；通过延续历史文脉、利用视觉通廊和结合公共空间节点打造东西岸慢行系统。其次通过指向运河的路网强调城市腹地与运河的渗透性，内部路网主要结合流线组织。再次，在建筑体块生成方面，通过路网切分出建筑组团后，结合公共空间以及道路转角再对建筑体块进行切削，形成最终形态，并赋予其功能。

同时本方案着重于滨水地带风貌塑造。西岸主要结合景观、绿化打造历史风貌滨水区，空间上体现为栈道、亲水平台；东岸结合城市腹地以及建筑功能，打造商务滨水区，空间上体现为地下空间的利用、地形高差利用、公共空间节点打造和亲水平台、步道的设置。

感想

通过本次设计作业，首先增强了我们对城市尺度设计的思考和学习。从最开始通过实地调研和前期分析发现问题，到选择城市设计范围来聚焦问题，最后到方案的构思深化来解决问题形成了一个完整的逻辑框架。同时在此过程中通过理论学习和实际操作加深了对城市设计的认知，以及对城市设计前沿热点问题的理解。

另外，在小组合作以及联合设计中，增强了合作和沟通能力，拓宽了思路，自身的专业素养也得到了提升。

成员

崔薰尹

成婷婷

曹靖瑗

赵凌志

北京·通州

北京城市副中心运河中心商务区城市设计

城市超链接

山东建筑大学二组

刘相宇　张聿柠　冯　敏　张宪阔

城市超链接 1

研究框架

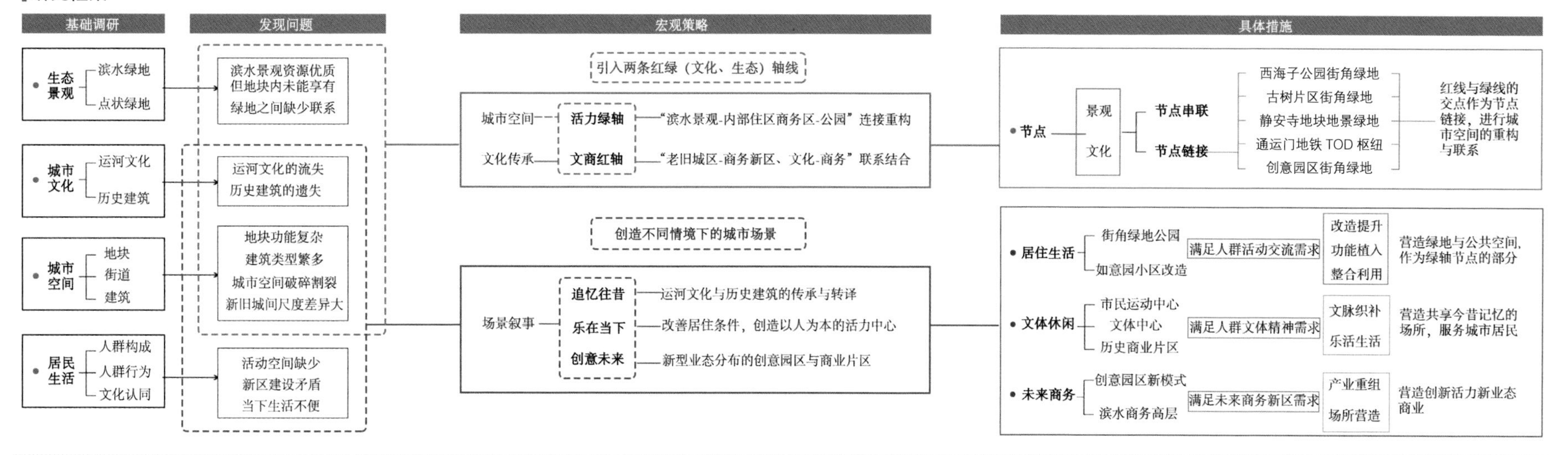

设计说明

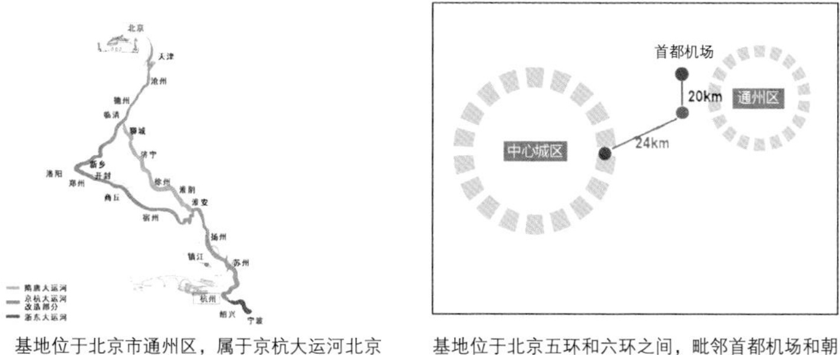

基地位于北京市通州区，属于京杭大运河北京段的北起点，历史文化悠久。

基地位于北京五环和六环之间，毗邻首都机场和朝阳火车站，与中心城交通联系便捷。

基地有良好的景观资源，包含燃灯塔、三教庙等历史建筑。

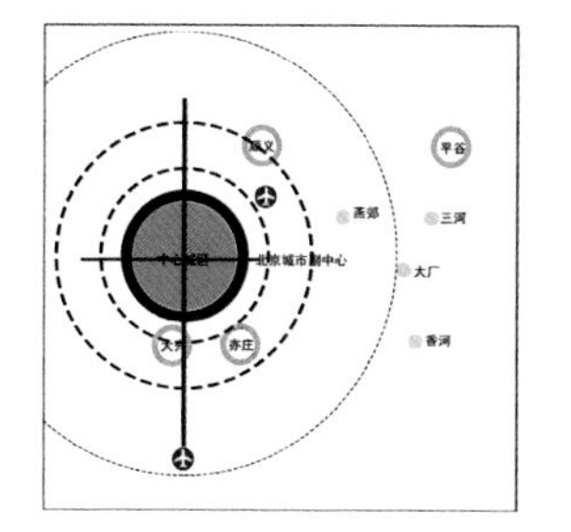

构建“一核一主一副、两轴多点一区”的城市空间结构，形成完善的城市综合功能。

设计说明

■ 近十年通州区人口年龄组成

近十年来通州区青少年、儿童和老年人人口比重增加，老龄化程度加深。

■ 近十年通州区流动人口统计

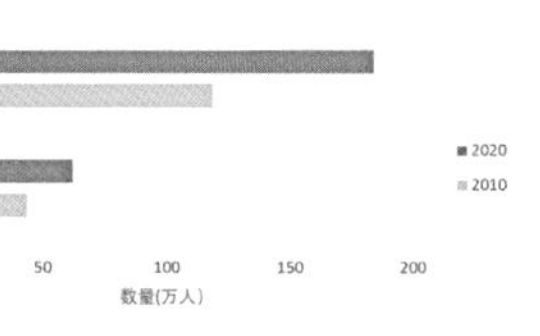

近十年来通州区人口整体增加，外来人口比重增加，年轻务工人员增多。

■ 通州区区域产业分析

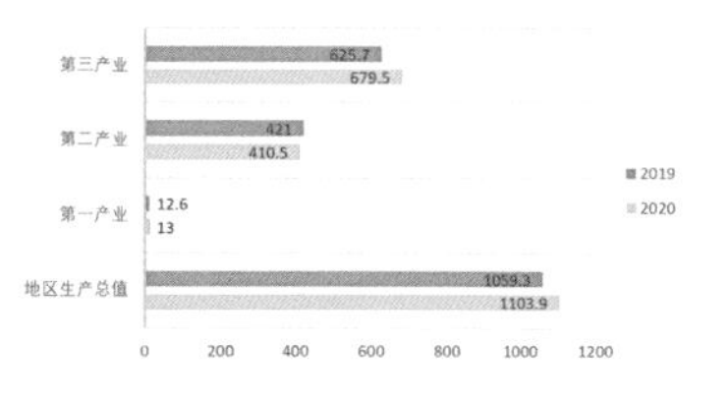

新区逐步发展，第三产业比重逐步上升。对新兴服务业提出更高要求。

■ 人口需求分析

6~14 岁的青少年群体，教育、交通等方面的生活需求较高。

商务区中聚集大量年轻务工人员，应注重办公的相关设施建造。

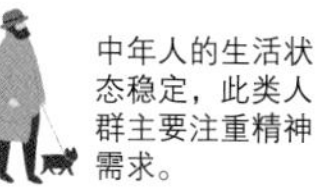

中年人的生活状态稳定，此类人群主要注重精神需求。

老年人是重要的服务对象，重点关怀其精神需求以及生活物质需求。

城市超链接 2

历史建筑分布

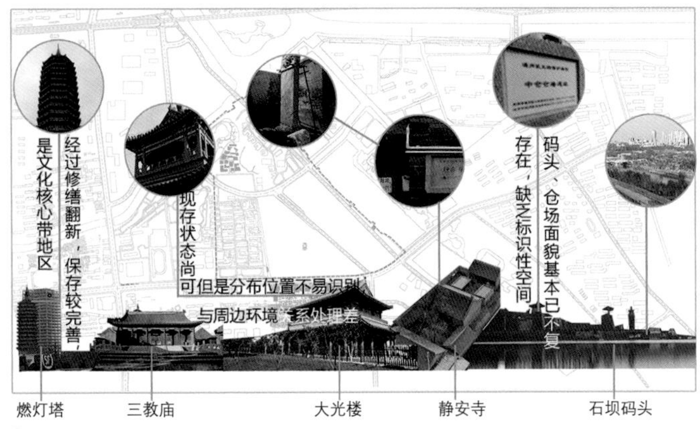

区域现状

居住社区

如意园小区修建年代较久远，建筑质量一般。莲花社区内建筑以一层平房为主，建筑质量较差。

滨水景观

重要滨水节点缺乏设计，建筑对运河呼应弱，围墙阻断了当地居民进入运河公园的路径。

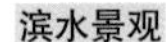

新建建筑

新建建筑拔地而起，多年代的建筑共存，区域之间割裂感较强。

历史建筑

历史建筑多，但大多保护不完善，缺少与新建筑新时代的联系。

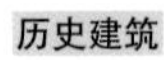

新旧冲突

新旧建筑差异大，所形成的街道空间尺度或大或小，新建商务区缺少标识性。

基地分析

城市肌理　历史建筑　交通站点　用地性质

城市主干道　集中绿地分布　水系分布

人群活动

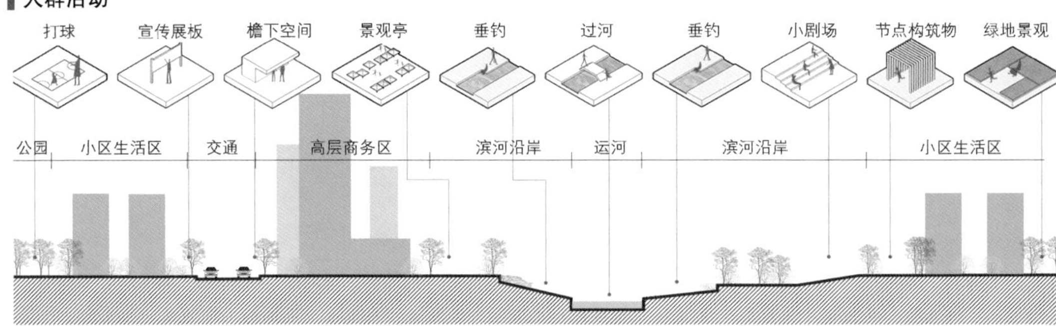

运河西岸城市建设比较完善，基础设施相对较好，人群较为活跃。

运河西岸沿岸存在景观节点供行人休憩，岸边常有垂钓者。

运河东岸开发程度较低，运河文化公园景色优美，吸引了大批垂钓者。

人群需求

■青少年　■外来年轻人　■常住年轻人　■本地居民　■本地居民

城市超链接 3

通州市绿地系统现状分析

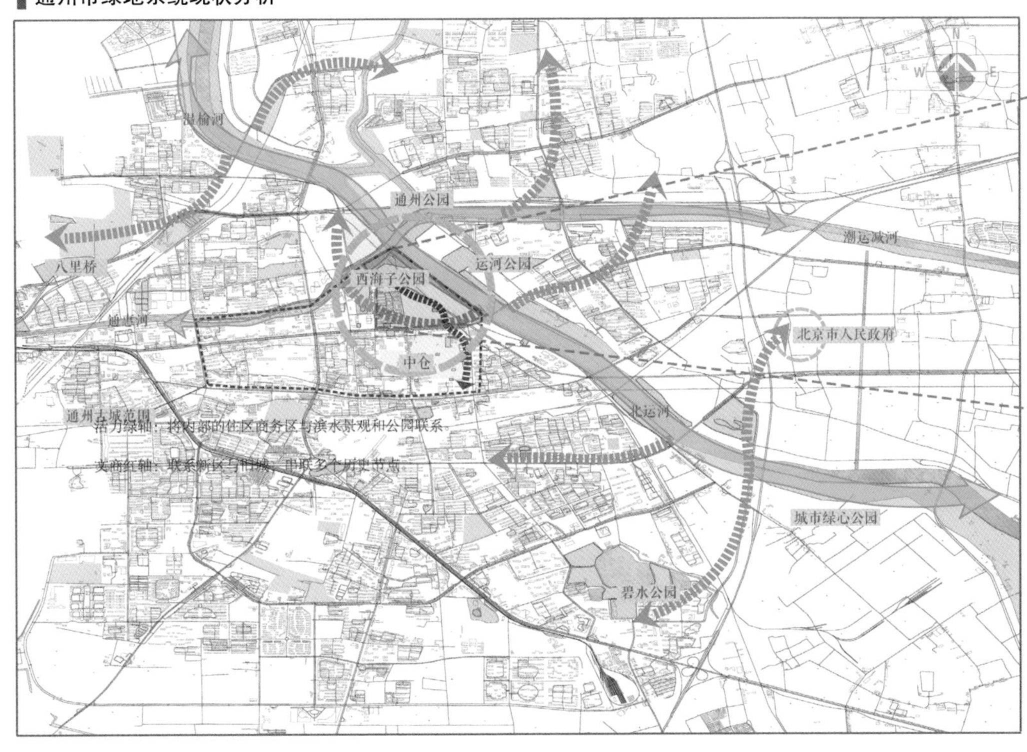

轴线分析

活力绿轴：将内部的住区、商务区与滨水景观和公园联系。

文商红轴：联系新区与旧城，串联多个历史节点。

■ 道路引入

垂直运河引入两条新的道路

■ 地块划分

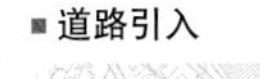

依据周边环境划分用地性质

■ 情景置入

基于地块属性置入三种情景

设计策略

■ 以绿地系统为媒介

现状-原有绿地沿运河两岸呈条带状分布，内部呈点状散布。

策略-将滨水景观渗透到城市内部，把点状的、片段的、不连续的绿地景观连接、改善。

绿地区域

■ 以历史建筑为节点

现状-历史建筑散点分布，缺少联系。

策略-结合历史的节点碎片把主要绿轴接活，并形成连续完整的历史节点体系。

文化节点

区域未来发展

■ 策略操作

■ 年代变迁

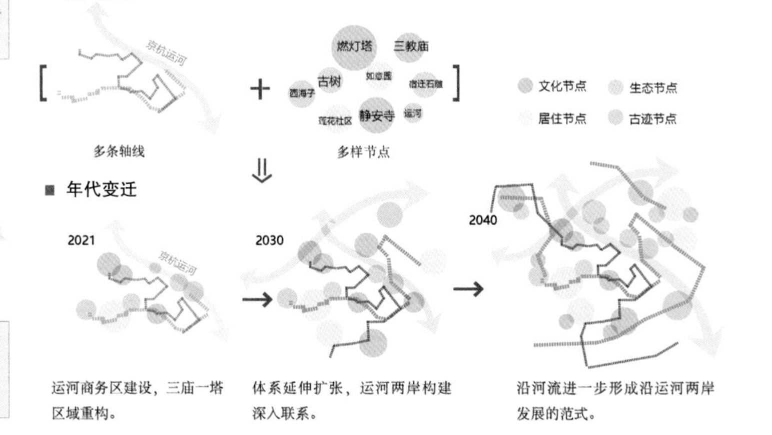

运河商务区建设，三庙一塔区域重构。

体系延伸扩张，运河两岸构建深入联系。

沿河流进一步形成沿运河两岸发展的范式。

城市超链接 4

轴线分析

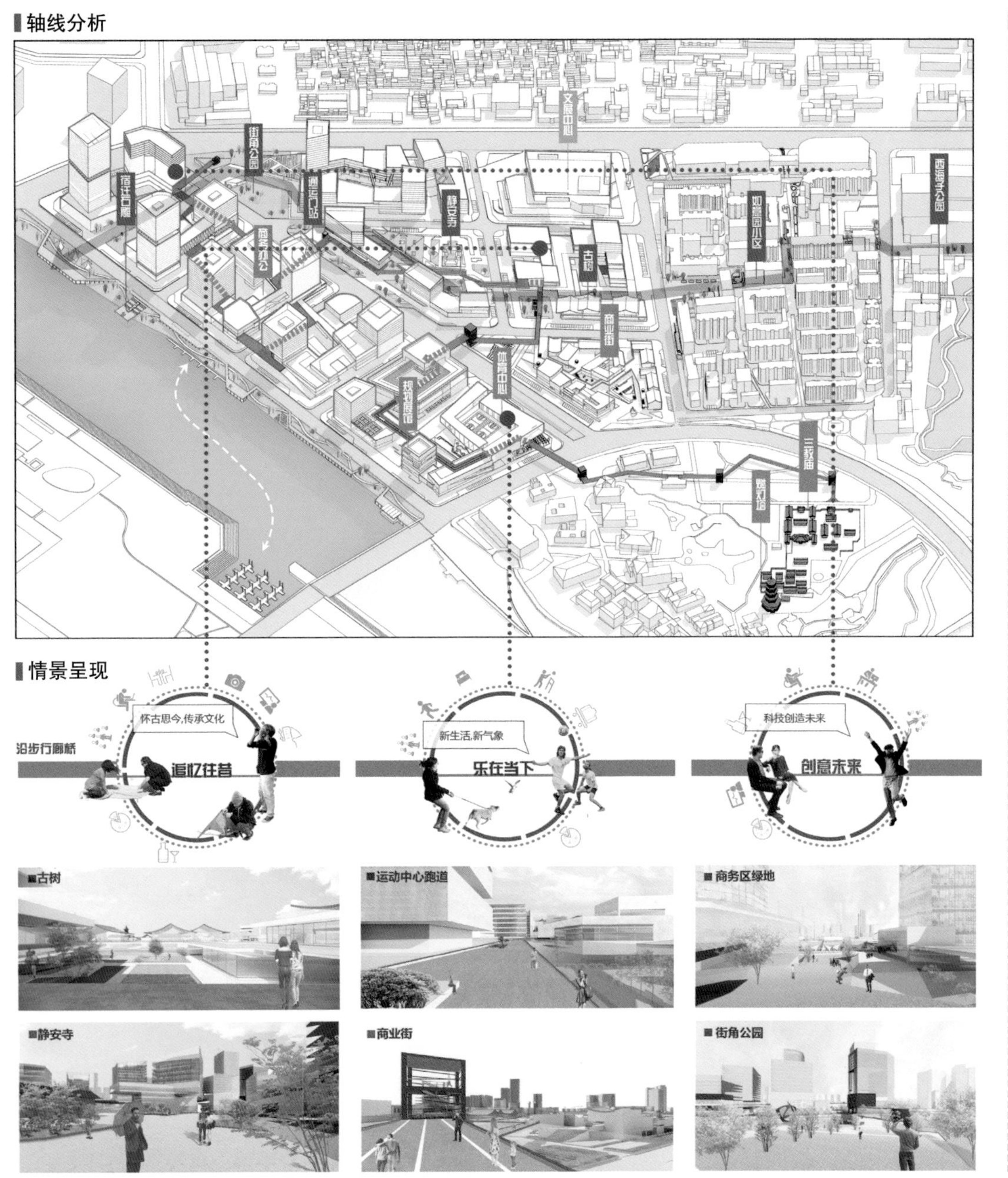

空间结构

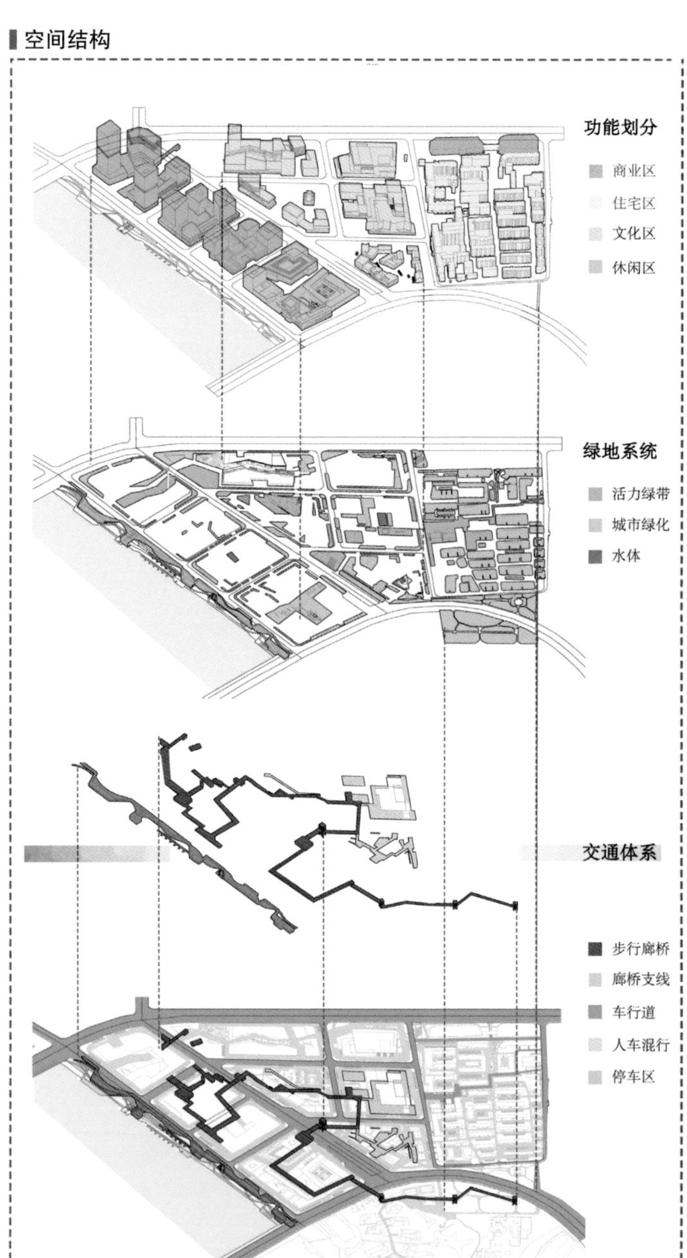

城市超链接 5

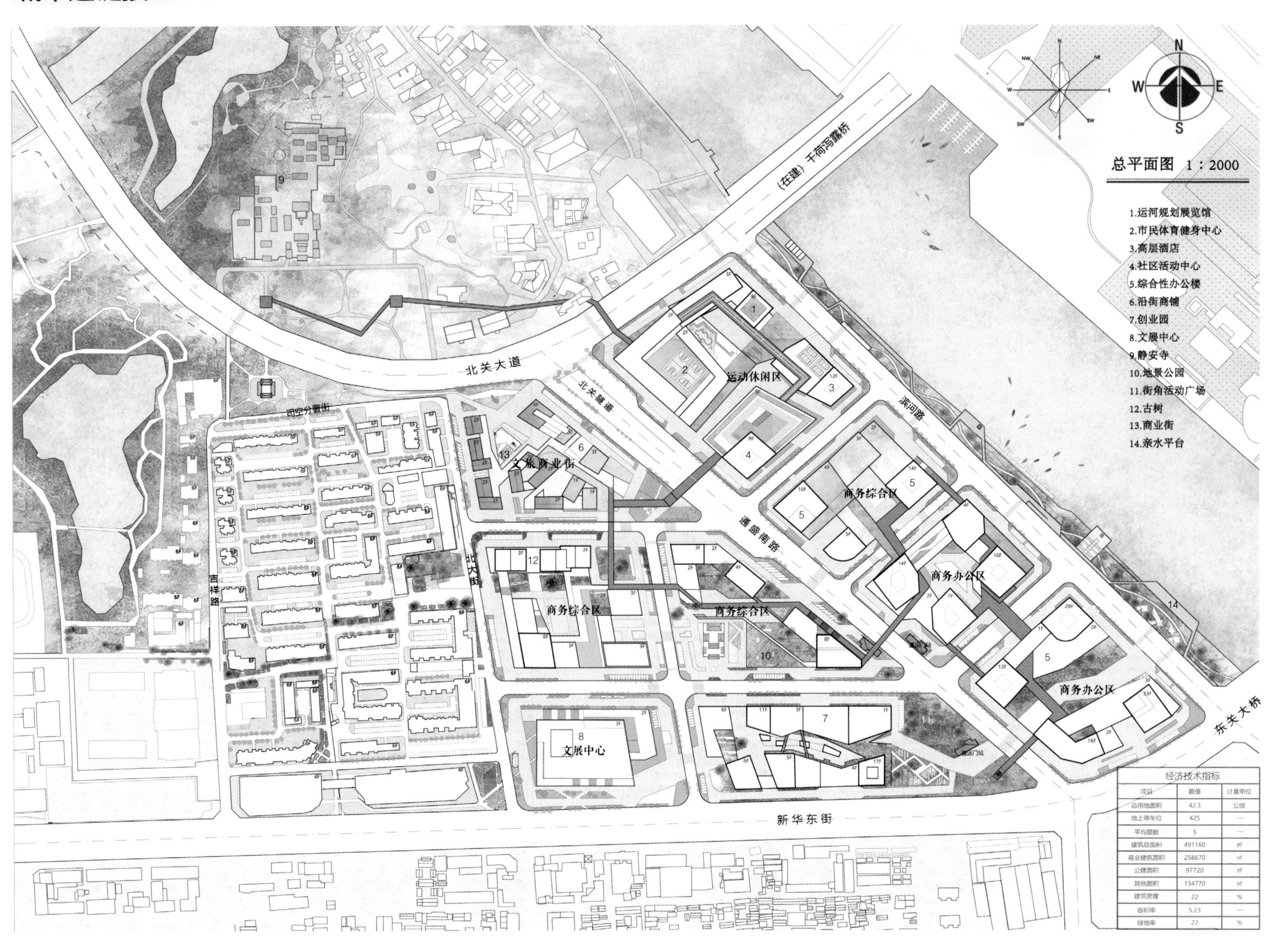

经济技术指标		
项目	数值	计量单位
总用地面积	42.3	公顷
地上停车位	425	—
平均层数	5	—
建筑总面积	491160	㎡
商业建筑面积	258670	㎡
公建面积	97720	㎡
其他面积	134770	㎡
建筑密度	22	%
容积率	5.23	—
绿地率	27	%

城市超链接 6

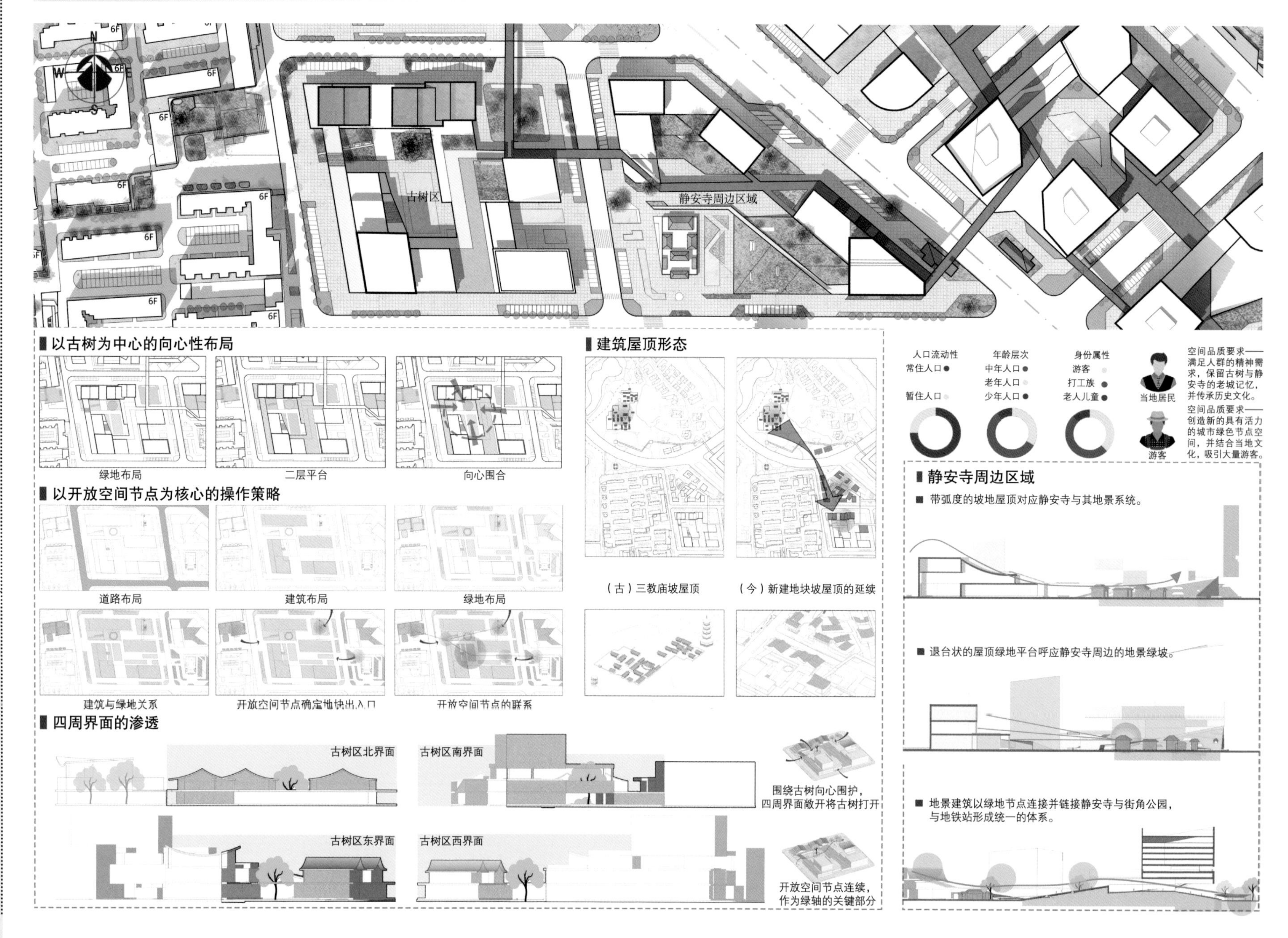

古树区
静安寺周边区域
以古树为中心的向心性布局
绿地布局
二层平台
向心围合
以开放空间节点为核心的操作策略
道路布局
建筑布局
绿地布局
建筑与绿地关系
开放空间节点确定地块出入口
开放空间节点的联系
四周界面的渗透
古树区北界面
古树区南界面
古树区东界面
古树区西界面
围绕古树向心围护，
四周界面敞开将古树打开
开放空间节点连续，
作为绿轴的关键部分
建筑屋顶形态
（古）三教庙坡屋顶
（今）新建地块坡屋顶的延续
人口流动性
常住人口
暂住人口
年龄层次
中年人口
老年人口
少年人口
身份属性
游客
打工族
老人儿童
当地居民
游客
空间品质要求——满足人群的精神需求，保留古树与静安寺的老城记忆，并传承历史文化。
空间品质要求——创造新的具有活力的城市绿色节点空间，并结合当地文化，吸引大量游客。
静安寺周边区域
带弧度的坡地屋顶对应静安寺与其地景系统。
退台状的屋顶绿地平台呼应静安寺周边的地景绿坡。
地景建筑以绿地节点连接并链接静安寺与街角公园，
与地铁站形成统一的体系。

城市超链接 7

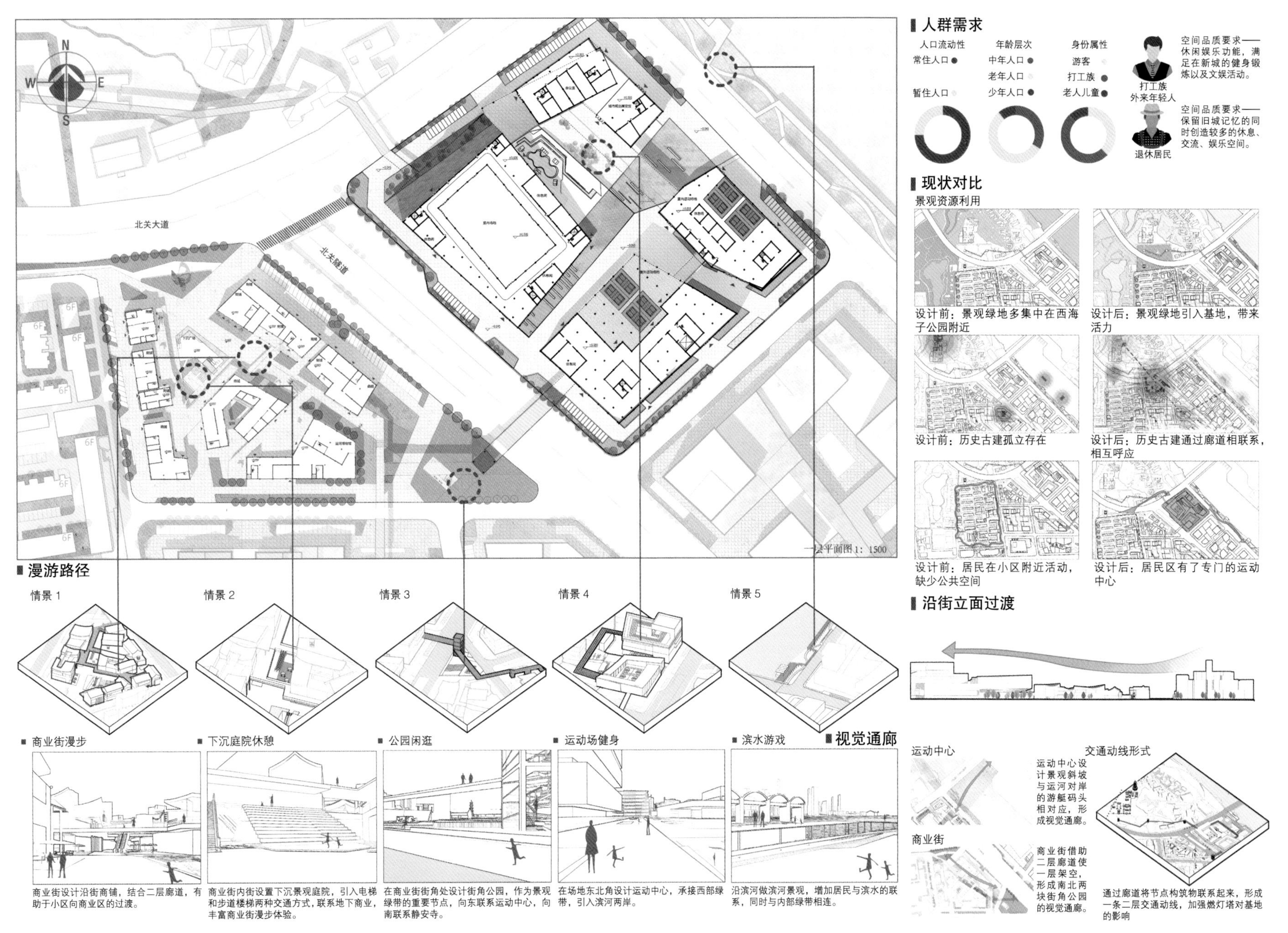

N
S
W
E
北关大道
北关隧道
6F
一层平面图 1：1500
人群需求
人口流动性
常住人口
暂住人口
年龄层次
中年人口
老年人口
少年人口
身份属性
游客
打工族
老人儿童
打工族
外来年轻人
空间品质要求——休闲娱乐功能，满足在新城的健身锻炼以及文娱活动。
退休居民
空间品质要求——保留旧城记忆的同时创造较多的休息、交流、娱乐空间。
现状对比
景观资源利用
设计前：景观绿地多集中在西海子公园附近
设计后：景观绿地引入基地，带来活力
设计前：历史古建孤立存在
设计后：历史古建通过廊道相联系，相互呼应
设计前：居民在小区附近活动，缺少公共空间
设计后：居民区有了专门的运动中心
漫游路径
情景 1
情景 2
情景 3
情景 4
情景 5
沿街立面过渡
商业街漫步
下沉庭院休憩
公园闲逛
运动场健身
滨水游戏
视觉通廊
商业街设计沿街商铺，结合二层廊道，有助于小区向商业区的过渡。
商业街内街设置下沉景观庭院，引入电梯和步道楼梯两种交通方式，联系地下商业，丰富商业街漫步体验。
在商业街街角处设计街角公园，作为景观绿带的重要节点，向东联系运动中心，向南联系静安寺。
在场地东北角设计运动中心，承接西部绿带，引入滨河两岸。
沿滨河做滨河景观，增加居民与滨水的联系，同时与内部绿带相连。
运动中心
运动中心设计景观斜坡与运河对岸的游艇码头相对应，形成视觉通廊。
商业街
商业街借助二层廊道使一层架空，形成南北两块街角公园的视觉通廊。
交通动线形式
通过廊道将节点构筑物联系起来，形成一条二层交通动线，加强燃灯塔对基地的影响

城市超链接 8

如意园小区微改造

前期问题的引入

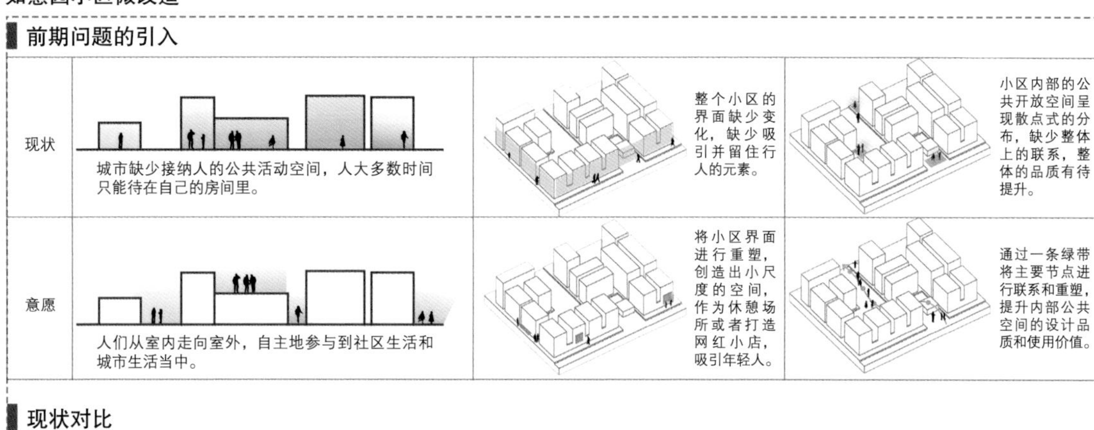

现状对比

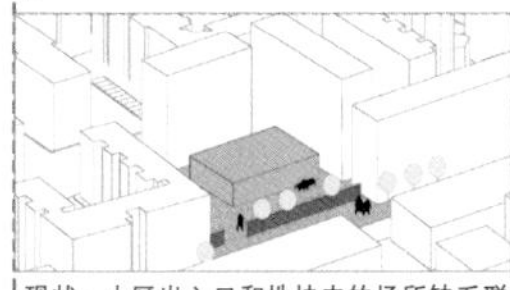

现状：小区出入口和地块内的场所缺乏联系，公共空间缺少使用活力。

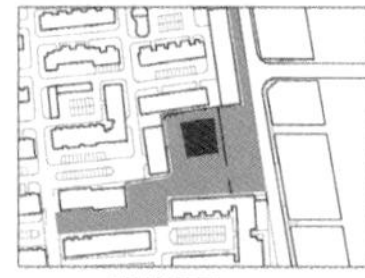

现状平面

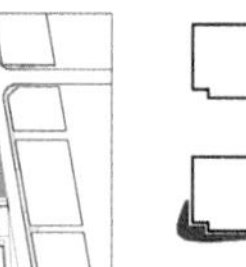

策略 1：界面重塑

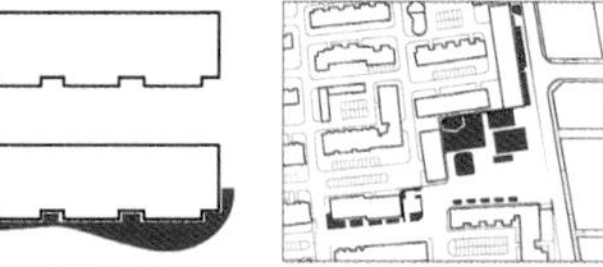

成果平面

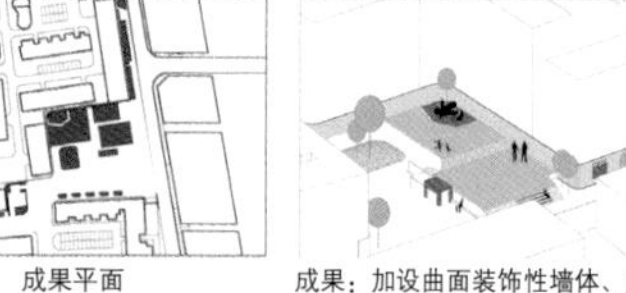

成果：加设曲面装饰性墙体、大台阶和布景设置吸引并留住青年群体，增强活力。

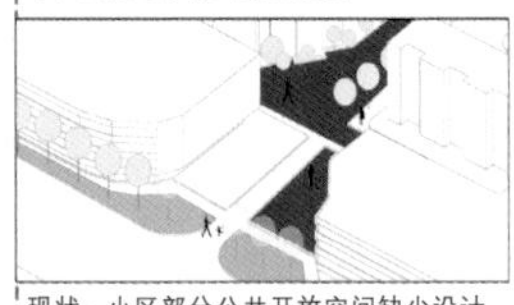

现状：小区部分公共开放空间缺少设计，缺少供人使用的场所。

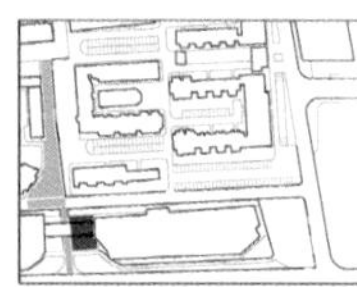

现状平面

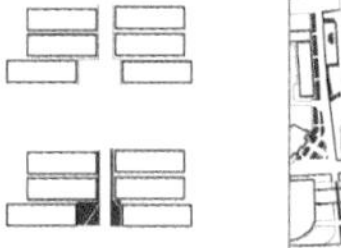

策略 2：空间再生

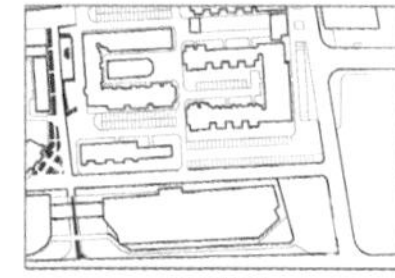

成果平面

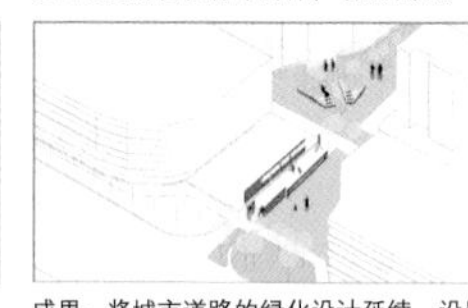

成果：将城市道路的绿化设计延续，设置展廊，提供尺度宜人的休闲空间。

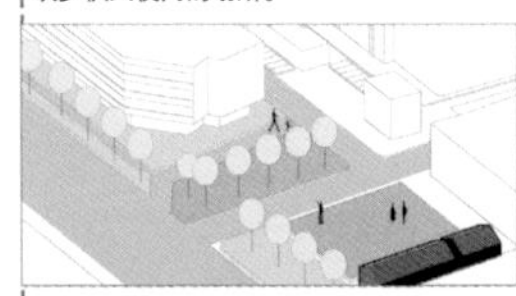

现状：小区拐角处开放空间的扁平化设计缺少标识性，未能和周边场地产生联系。

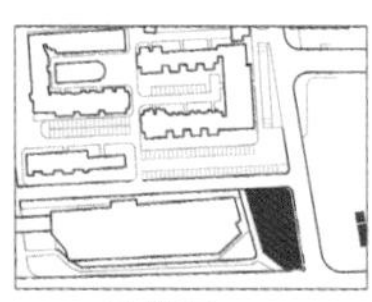

现状平面

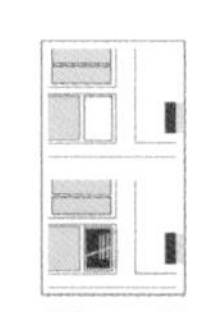

策略 3：对景

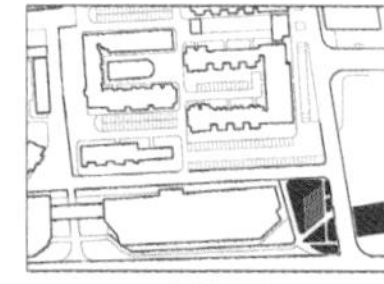

成果平面

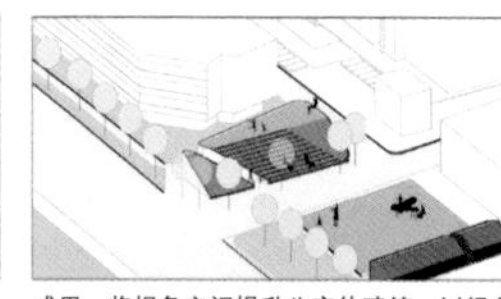

成果：将拐角空间提升为实体建筑，以绿色台阶的形式回应场地并与古建呼应。

滨水景观节点设计

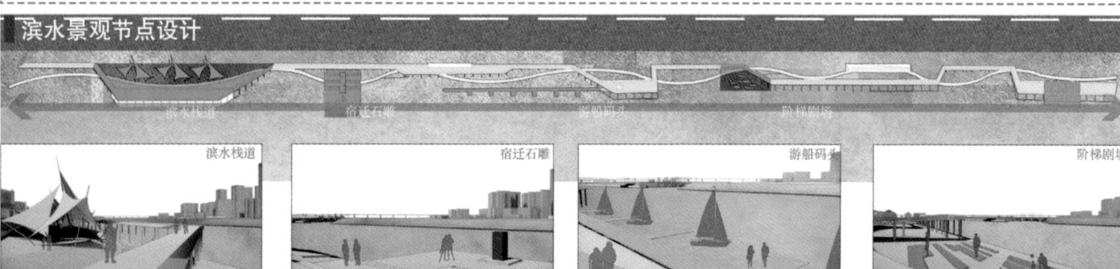

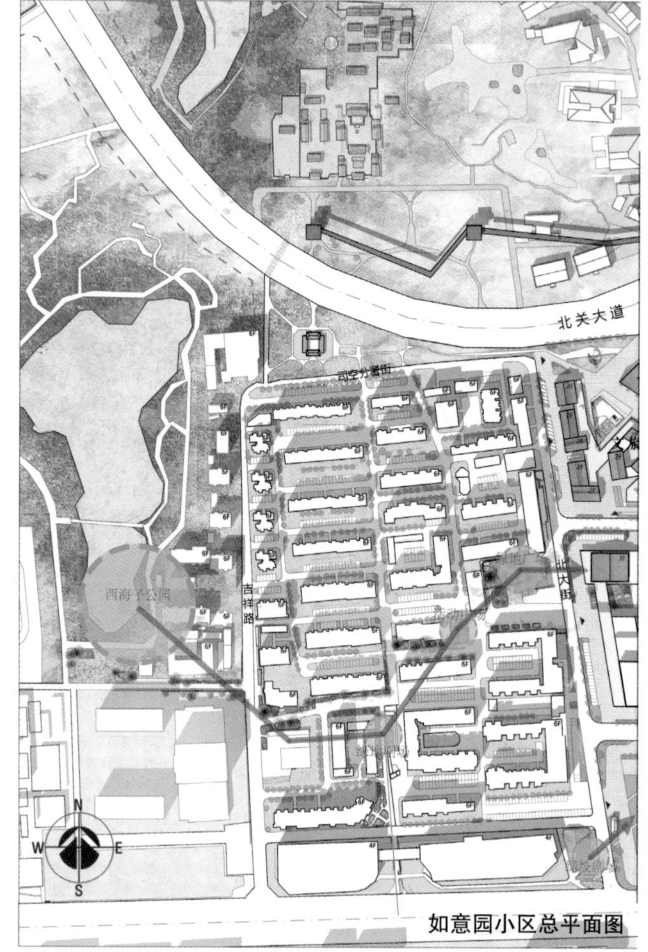

如意园小区总平面图

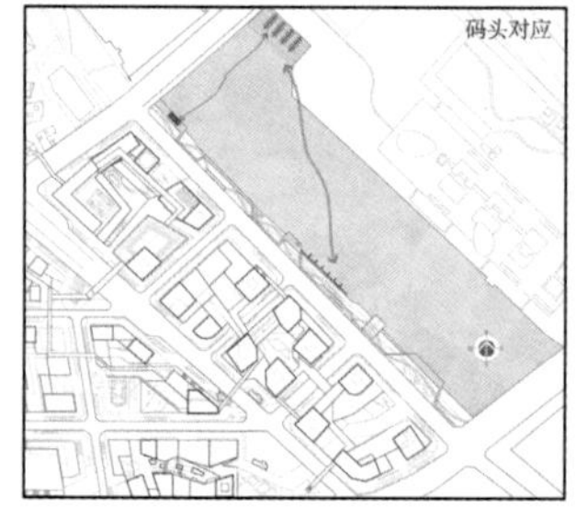

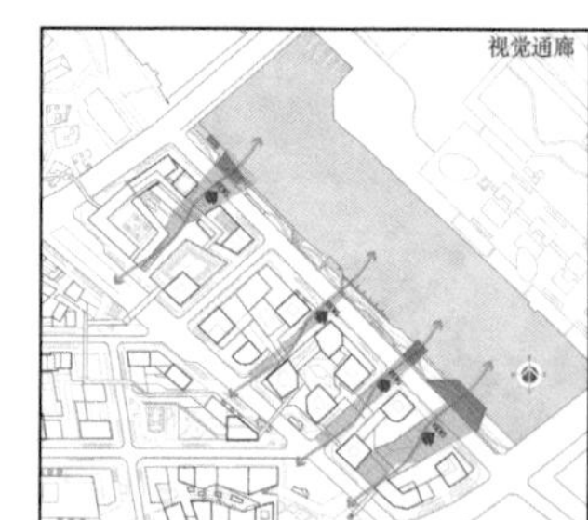

城市超链接 9

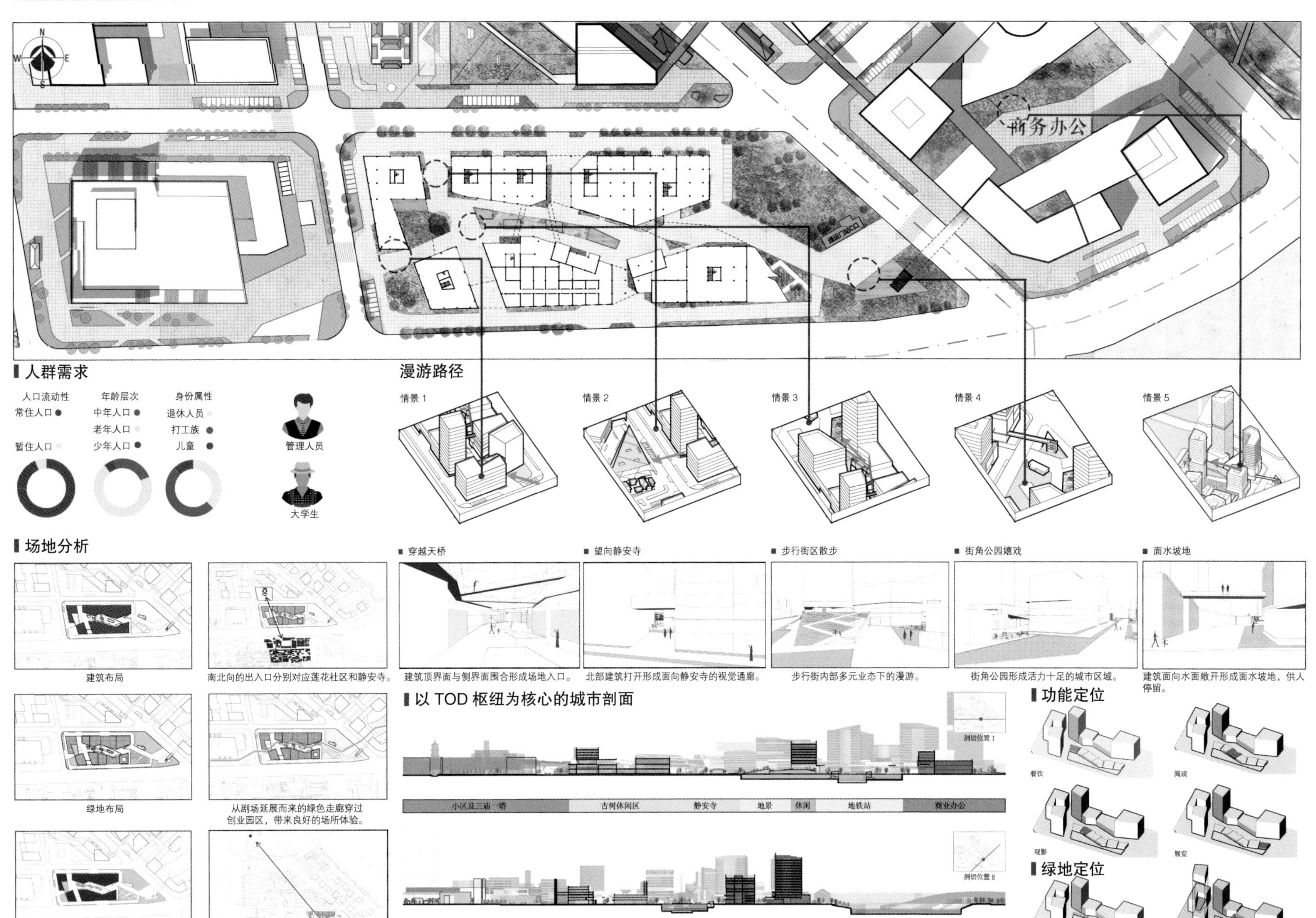

商务办公
人群需求
人口流动性
常住人口
暂住人口
年龄层次
中年人口
老年人口
少年人口
身份属性
退休人员
打工族
儿童
管理人员
大学生
漫游路径
情景 1
情景 2
情景 3
情景 4
情景 5
场地分析
建筑布局
南北向的出入口分别对应莲花社区和静安寺。
绿地布局
从剧场延展而来的绿色走廊穿过创业园区，带来良好的场所体验。
开放空间结构
创业园的开放空间营造视觉通廊，和三教庙燃灯塔呼应。
穿越天桥
建筑顶界面与侧界面围合形成场地入口。
望向静安寺
北部建筑打开形成面向静安寺的视觉通廊。
步行街区散步
步行街内部多元业态下的漫游。
街角公园嬉戏
街角公园形成活力十足的城市区域。
面水坡地
建筑面向水面敞开形成面水坡地，供人停留。
以 TOD 枢纽为核心的城市剖面
剖切位置 I
小区及三庙一塔
古树休闲区
静安寺
地景
休闲
地铁站
商业办公
剖切位置 II
莲花社区
文化中心
商业步行街
地铁站
商业办公
商业办公
功能定位
餐饮
阅读
观影
展览
绿地定位
二层平台的屋顶步行区设置绿地限定区域
连桥联系两侧建筑，形成闭合的环线

城市超链接 10

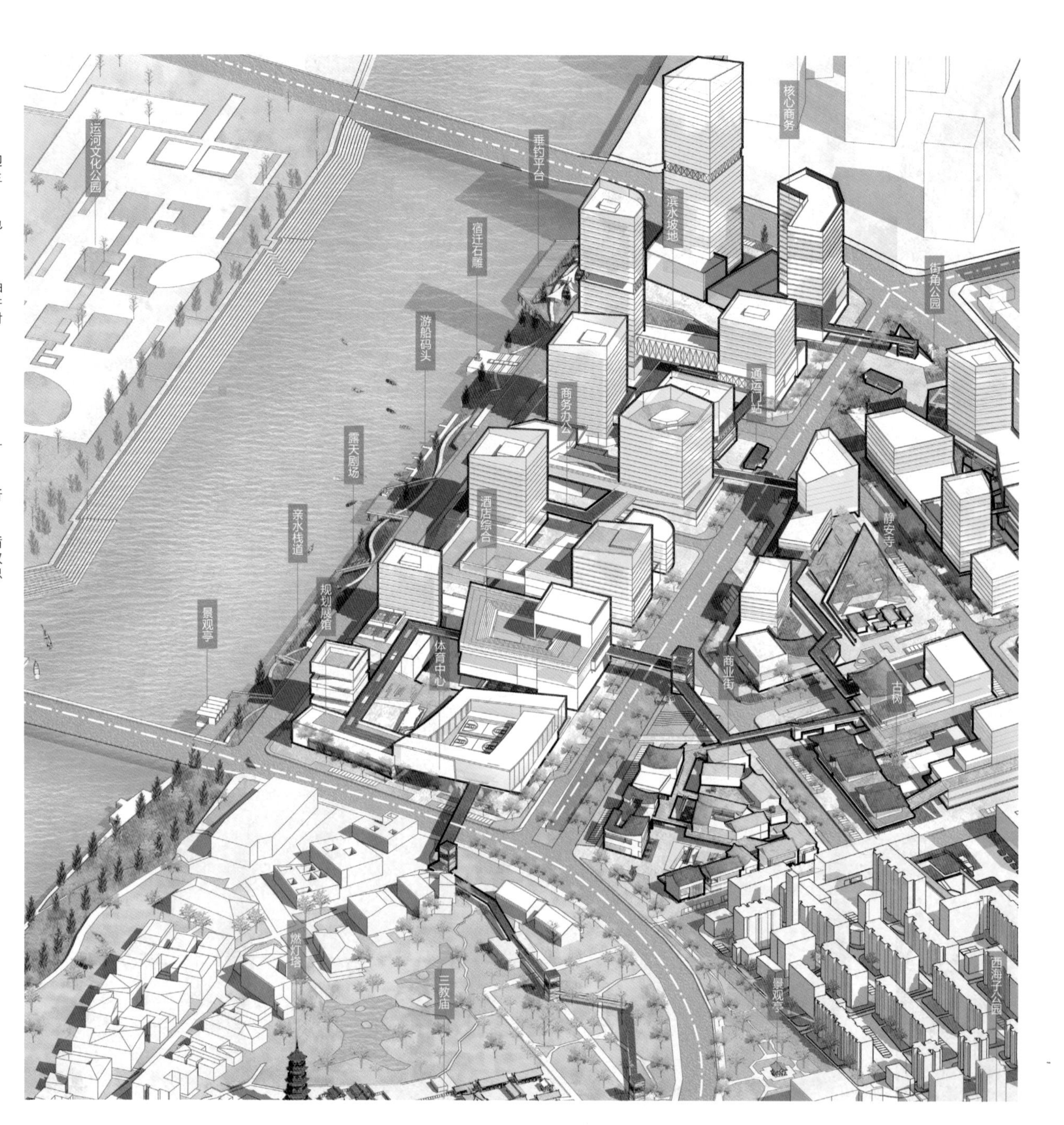

设计说明

当北京城市副中心落户“因运而生、因运而兴”的通州，为这座千年古城迎来新的发展机遇的同时，基地内的自然景观、城市空间、历史文化、居民生活的现存矛盾给城市建设带来了挑战。

设计方案取名为“城市超链接”，意在希望未来人们在新区的发展建设中也能去突破可能产生的隔阂与曾经孤立的区域或节点，建立一些优质的联系，并最终达到绿地与钢筋混凝土丛林相互融合，新区与老城间和谐过渡的目地。

设计策略上我们试图以绿地系统为媒介、以文商遗迹为节点，引入活力绿轴与文商红轴两条轴线，将滨河景观系统向内延伸，柔化生硬的城市界面，并串联起散布的历史建筑遗迹。红绿两轴交织，在复兴传承了运河文化的同时也增加了景观的面积，为人们提供了更宜居的城市空间。

感想

本次北京城市副中心联合城市设计，使我们有机会去突破校与校的边界，广结良师益友。

从设计初期较为幸运地与外校同学组队前往通州调研，到中期的线上答辩听取各校老师的建议，以及终期汇报时各院校间的交流都使我们受益匪浅。

调研过程中对通州现状的近距离体验，使得在方案前期设计更容易发现矛盾与切入点，而在后续的设计过程中，经由老师的指点，我们的视野不再只仅仅局限于一个建筑单体，而是更多地去关注城市的整体层次，拓宽了我们思考城市问题的维度。

成员

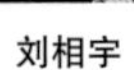

刘相宇

张聿柠

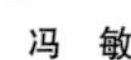

冯　敏

张宪阔

北京城市副中心运河中心商务区城市设计

故城新居——从系统叠加到逻辑形态

烟台大学一组

王雨彤　颜实　荆萱　陶泓戎　张光睿

故城新居——从系统叠加到逻辑形态 1

设计说明

旧有的北京城设施无法满足人们的需求，新城主要目标是建构一个自己的新系统以疏解北京城的部分职能。面对城市设计中的诸多条件，我们不可能面面俱到，一一回应，所以我们采用了区分系统的方法。城市本身是一个复杂系统的集合体，我们对所有条件进行系统的区分，并且在每一个系统之中再对系统内部的单元进行层级的划分，就可以得出面对城市设计问题的系统并有序的解决方案。设计框架包含五个系统以及四个层级，系统包含用地、交通、开放空间、建筑空间及基础设施系统，每一个系统分为城市、用地、片区、地块四个层级。设计的过程就是整合设计对象和操作方法。

在城市层级上，城市设计的核心目标是增强流动性。用地位于商务区中，所以以商务核心区的功能组成为基础，加以强化突出，并进行差异化的表达，使得最终方案实现了增强城市流动性从而增强城市活力的目标。

历史沿革

通州区历史悠久，早在新石器时期，境域内就有人类活动。西汉初始建路县，后先后改称潞县、通州。

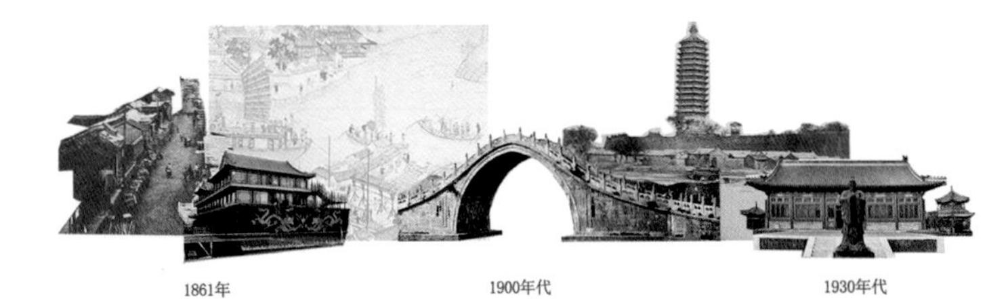

1861年　1900年代　1930年代

1948年12月通县解放，分置通州市。1958年3月县市由河北省划归北京市后，合并为北京市通州区。

现状调研

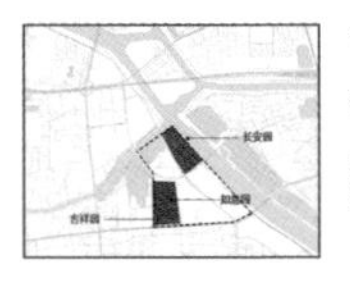

1. 老人聚居但缺少活力（吉祥园、如意园）。
2. 建筑尺度亲切宜人（吉祥园、如意园）。
3. 地理条件优越但建筑内向（长安园）。

1. 交通便利（万科大都会滨江：距通州北关地铁站 B 口 708m；绿地中央广场住宅区：紧邻通州北关地铁口）。
2. 建筑尺度高大。
3. 造型独特。

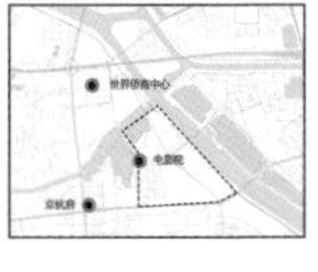

1. 老地标具有年代感但失去活力（影院）。
2. 新地标无新意（京杭府）。
3. 写字楼功能的地标（世界桥商中心）。

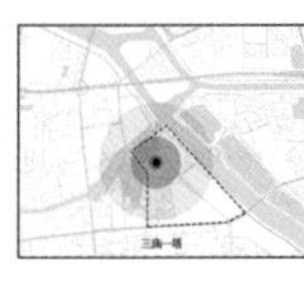

1. 主要文化格局：三庙一塔。
2. 地标性建筑，北京“人文奥运”六大景区之一，通州运河文化景区的重要组成部分。

故城新居——从系统叠加到逻辑形态 2

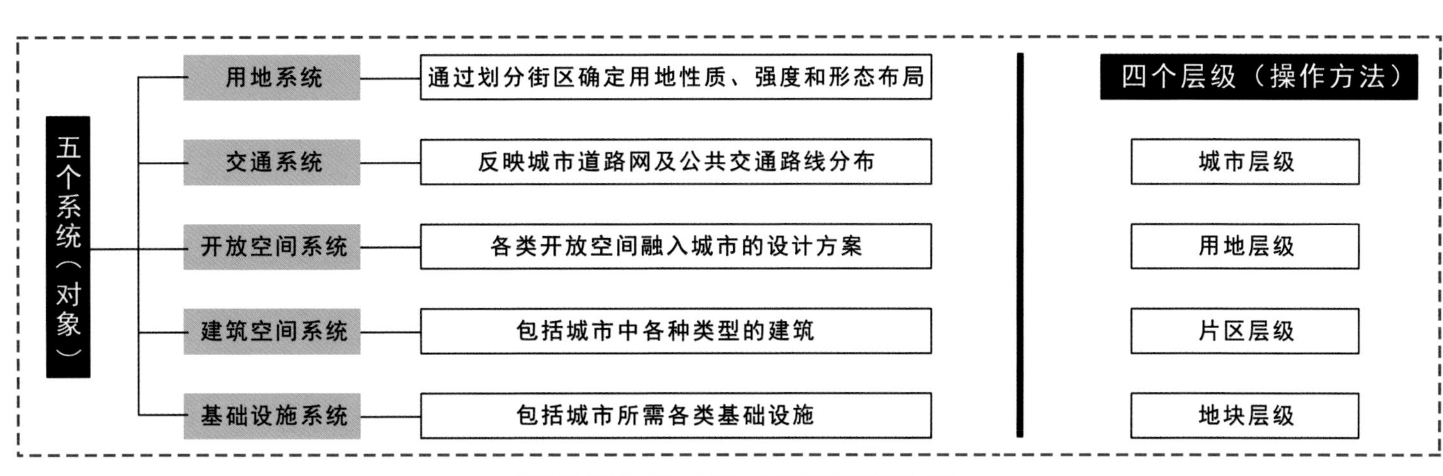

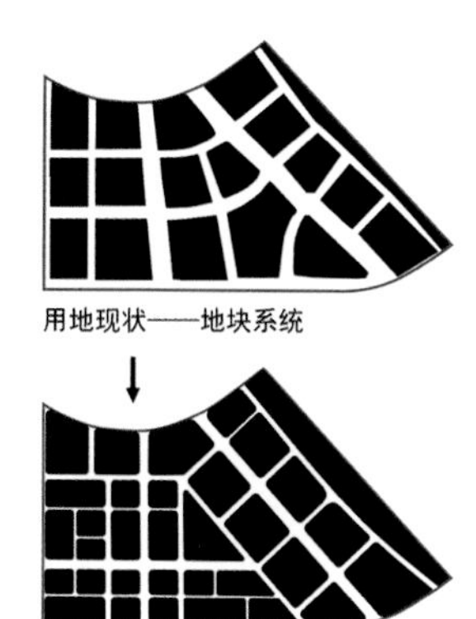

城市：复杂的系统集合

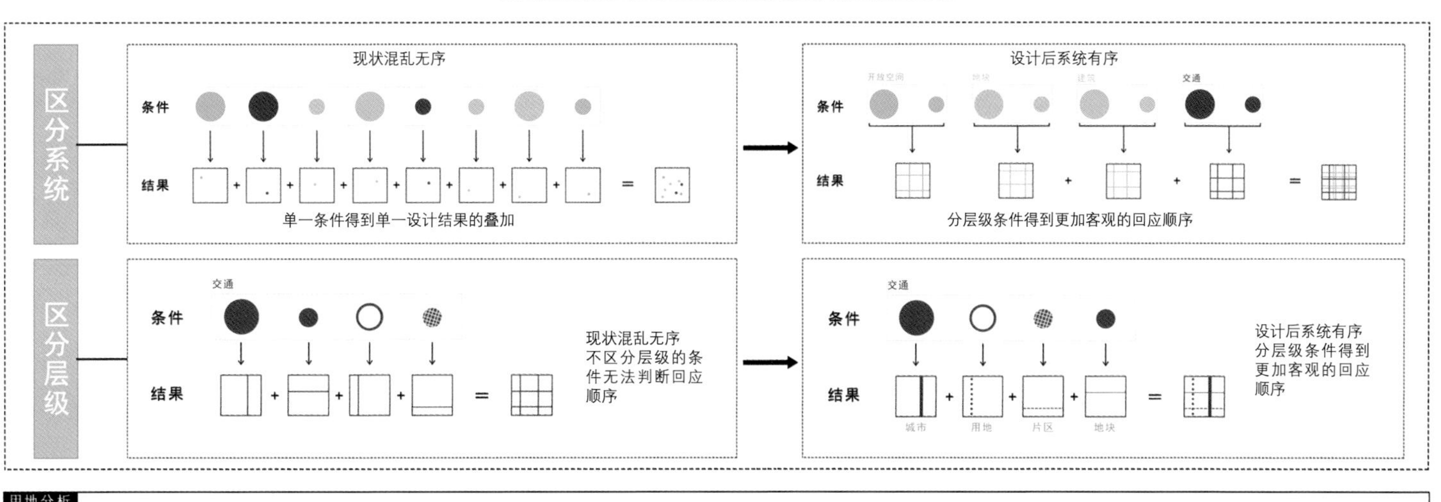

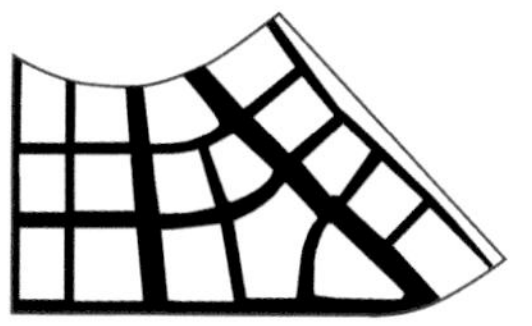

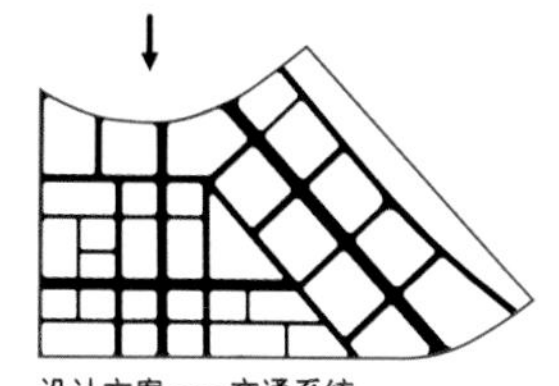

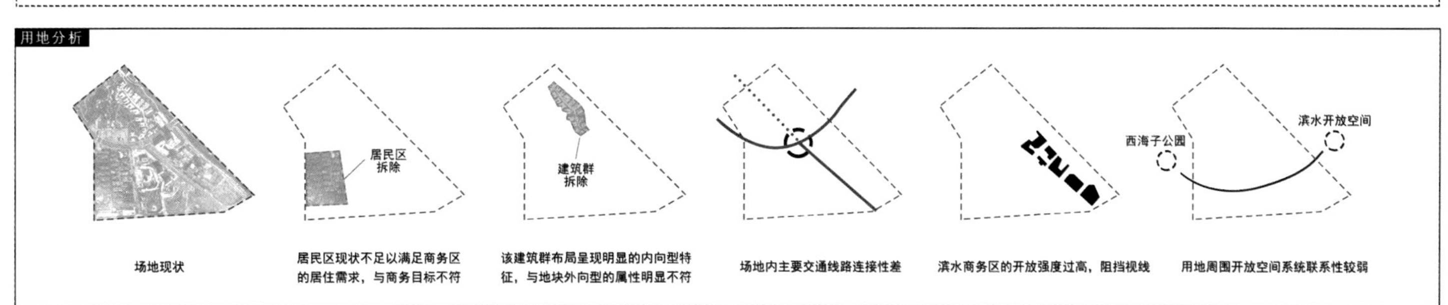

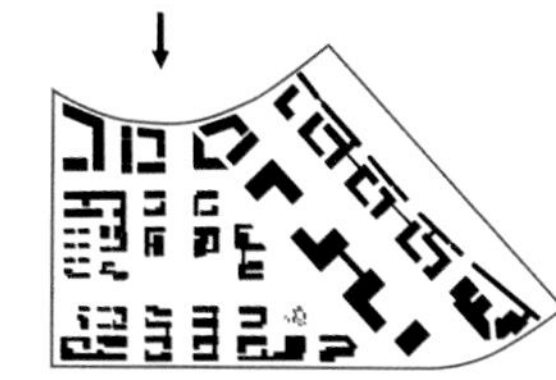

故城新居——从系统叠加到逻辑形态 3

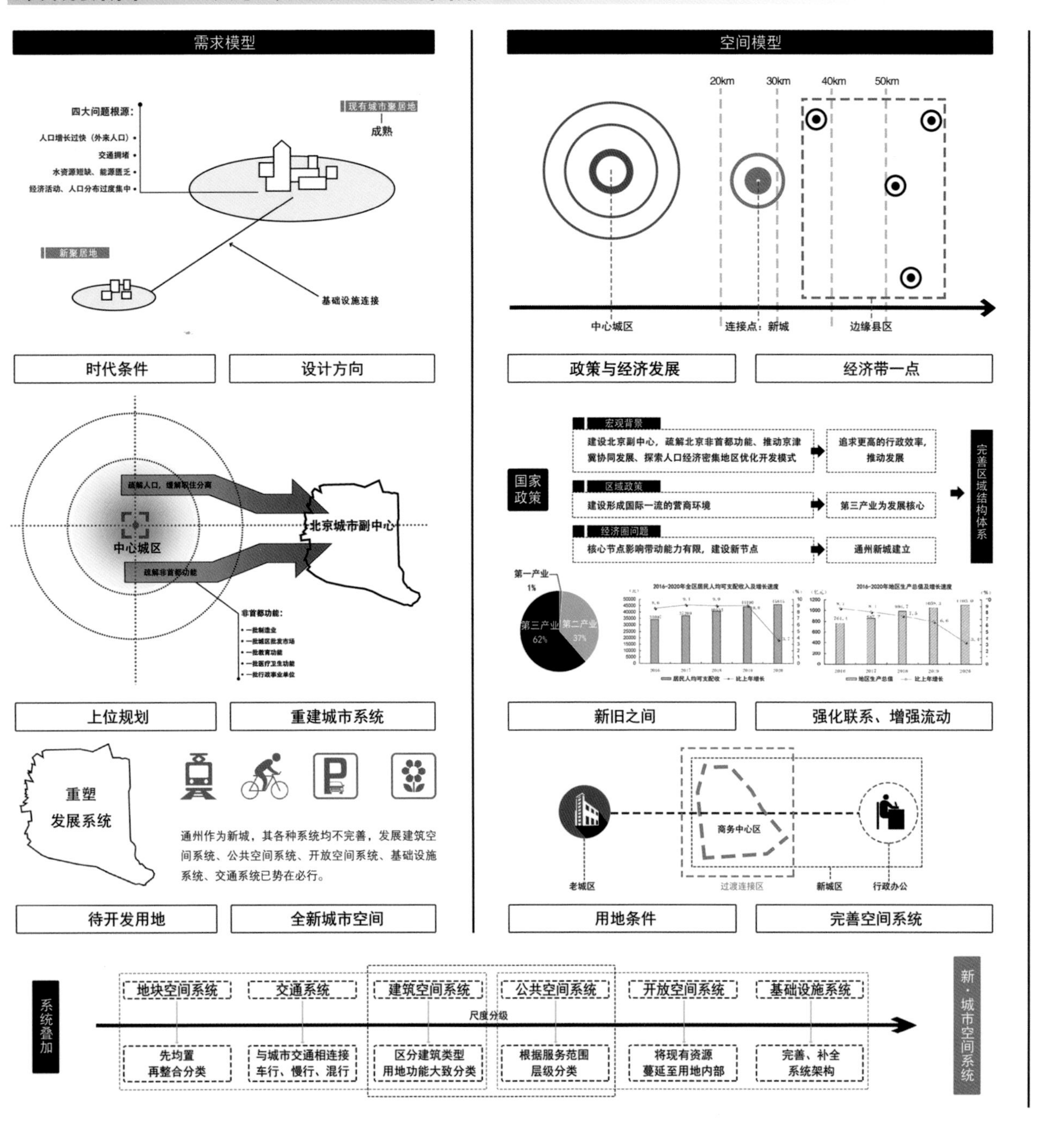

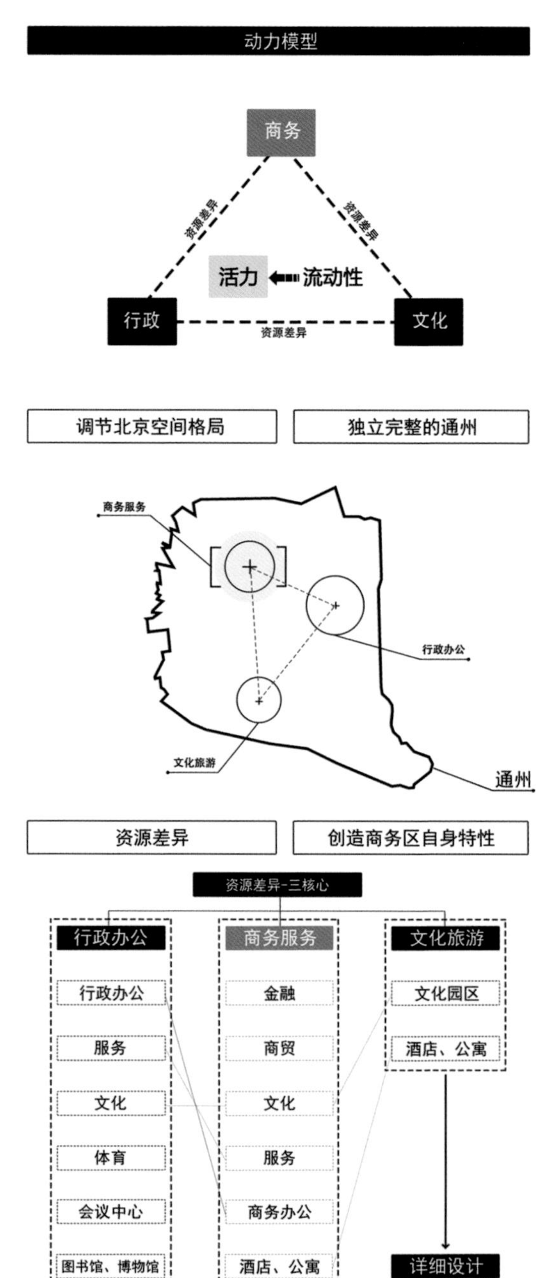

故城新居——从系统叠加到逻辑形态 4

层级：城市层级 / 用地层级 / 片区层级 / 地块层级 / 叠加结果

用地系统

城市层级：用地通过南北向主要交通线与城市连接，优于东西向连接

用地层级：靠近主要交通线的区域划分为商务中心片区，远离的为文化、服务区

片区层级：商务服务片区分为尺度较大的几个区域，其余为尺度较小的区域

地块层级：商务服务片区形成两级尺度片区

交通系统——车行

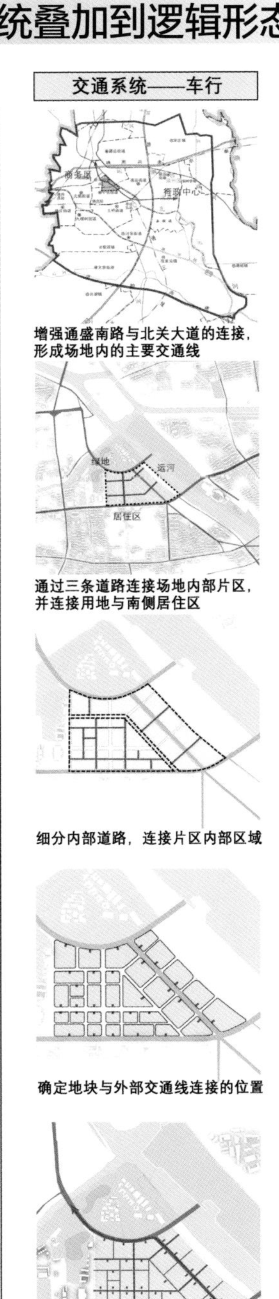

城市层级：增强通盛南路与北关大道的连接，形成场地内的主要交通线

用地层级：通过三条道路连接场地内部片区，并连接用地与南侧居住区

片区层级：细分内部道路，连接片区内部区域

地块层级：确定地块与外部交通线连接的位置

交通系统——骑行

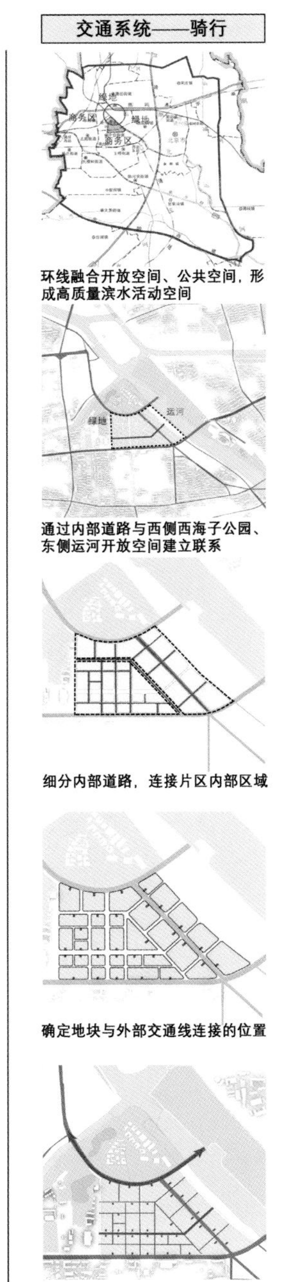

城市层级：环线融合开放空间、公共空间，形成高质量滨水活动空间

用地层级：通过内部道路与西侧西海子公园、东侧运河开放空间建立联系

片区层级：细分内部道路，连接片区内部区域

地块层级：确定地块与外部交通线连接的位置

交通系统——步行

城市层级：由主要交通线路位置可得出主要步行人流进入场地的入口位置

用地层级：通过内部道路与西侧西海子公园、东侧运河开放空间建立联系

片区层级：细分内部道路，连接片区内部区域

地块层级：确定地块与外部交通线连接的位置

开放空间系统

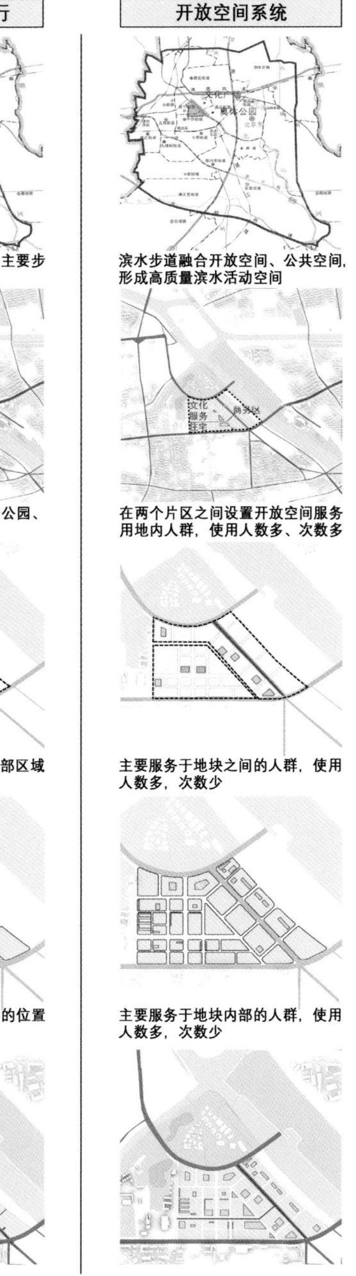

城市层级：滨水步道融合开放空间、公共空间，形成高质量滨水活动空间

用地层级：在两个片区之间设置开放空间服务用地内人群，使用人数多、次数多

片区层级：主要服务于地块之间的人群，使用人数多，次数少

地块层级：主要服务于地块内部的人群，使用人数多，次数少

建筑空间系统

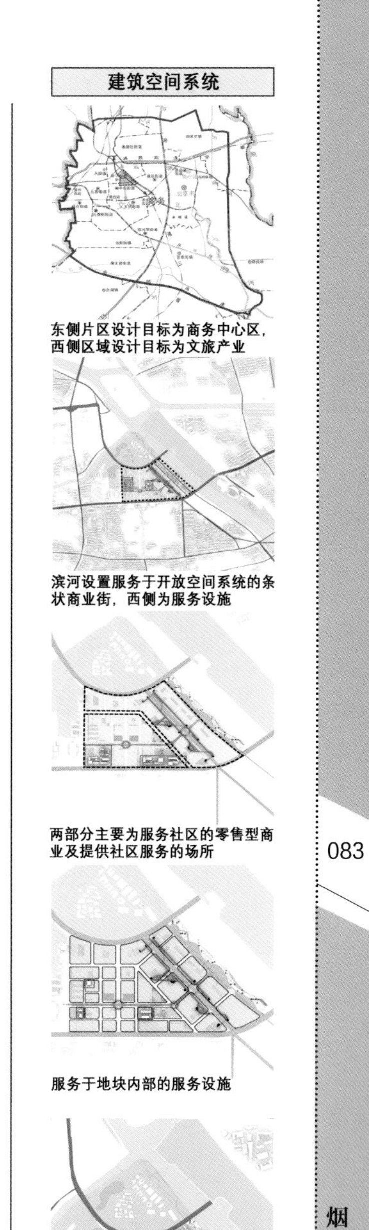

城市层级：东侧片区设计目标为商务中心区，西侧区域设计目标为文旅产业

用地层级：滨河设置服务于开放空间系统的条状商业街，西侧为服务设施

片区层级：两部分主要为服务社区的零售型商业及提供社区服务的场所

地块层级：服务于地块内部的服务设施

故城新居——从系统叠加到逻辑形态 5

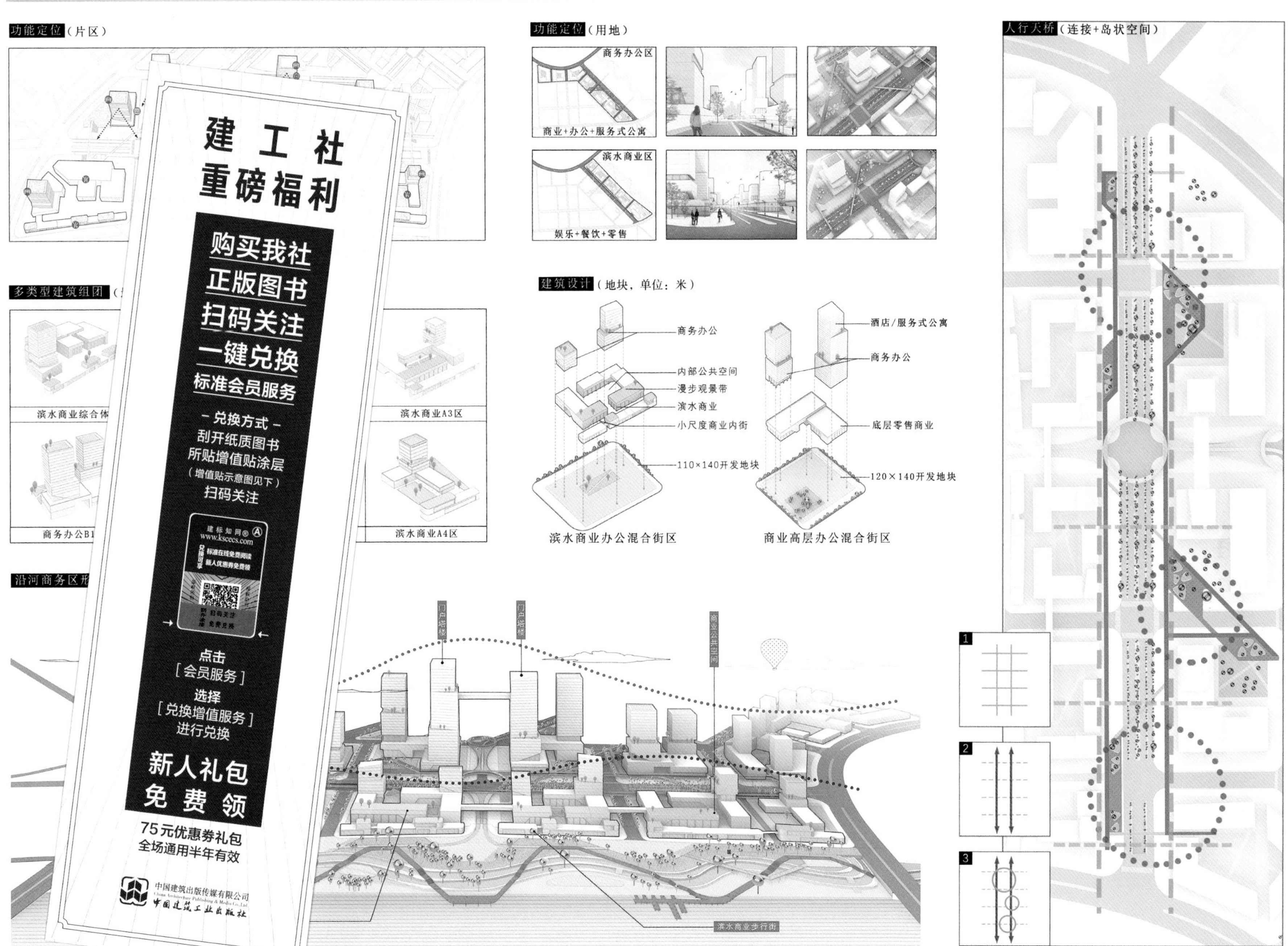
功能定位（片区）
多类型建筑组团
滨水商业综合体
滨水商业A3区
商务办公B1
滨水商业A4区
沿河商务区形
功能定位（用地）
商务办公区
商业+办公+服务式公寓
滨水商业区
娱乐+餐饮+零售
建筑设计（地块，单位：米）
商务办公
内部公共空间
漫步观景带
滨水商业
小尺度商业内街
110×140开发地块
滨水商业办公混合街区
酒店/服务式公寓
商务办公
底层零售商业
120×140开发地块
商业高层办公混合街区
门户塔楼
门户塔楼
商业公共空间
滨水商业步行街
人行天桥（连接+岛状空间）
1
2
3
建工社
重磅福利
购买我社
正版图书
扫码关注
一键兑换
标准会员服务
- 兑换方式 -
刮开纸质图书
所贴增值贴涂层
（增值贴示意图见下）
扫码关注
建标知网®
www.kscecs.com
点击
[会员服务]
选择
[兑换增值服务]
进行兑换
新人礼包
免费领
75元优惠券礼包
全场通用半年有效
中国建筑出版传媒有限公司
中国建筑工业出版社

故城新居——从系统叠加到逻辑形态 7

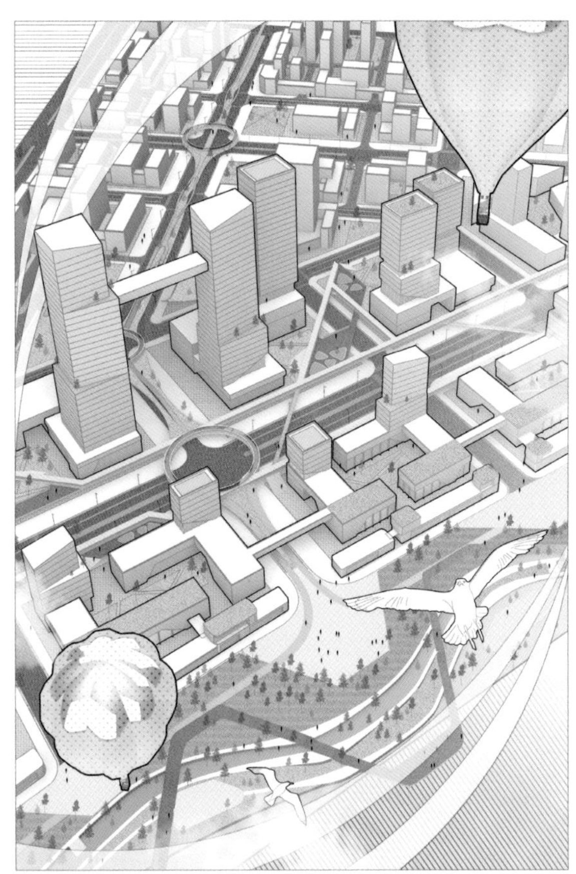

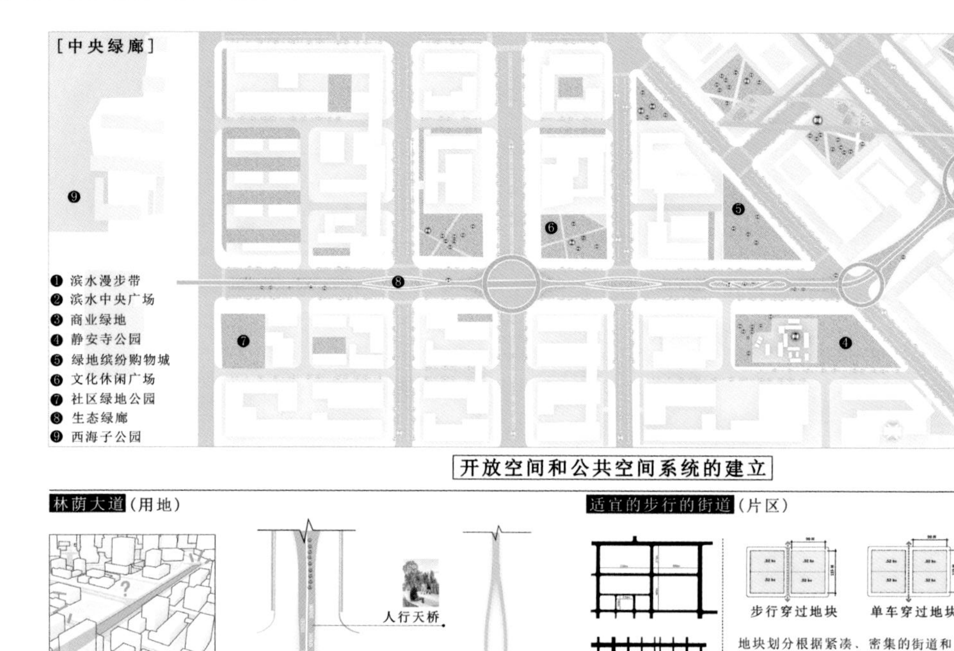

开放空间和公共空间系统的建立

林荫大道（用地）

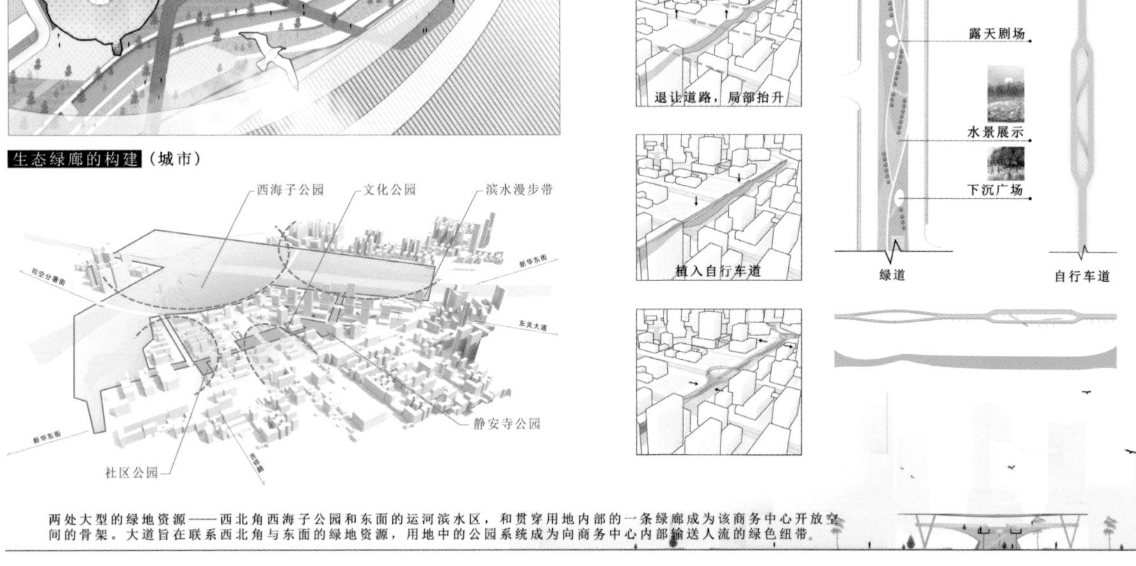

两处大型的绿地资源——西北角西海子公园和东面的运河滨水区，和贯穿用地内部的一条绿廊成为该商务中心开放空间的骨架。大道旨在联系西北角与东面的绿地资源，用地中的公园系统成为向商务中心内部输送人流的绿色纽带。

适宜的步行的街道（片区）

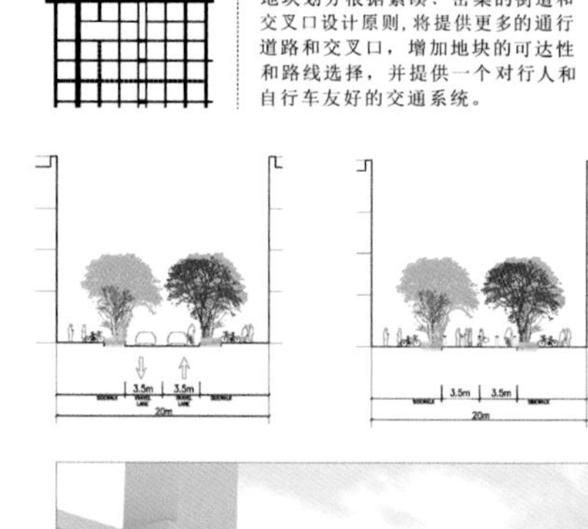

地块划分根据紧凑、密集的街道和交叉口设计原则，将提供更多的通行道路和交叉口，增加地块的可达性和路线选择，并提供一个对行人和自行车友好的交通系统。

社区绿地策略（地块）

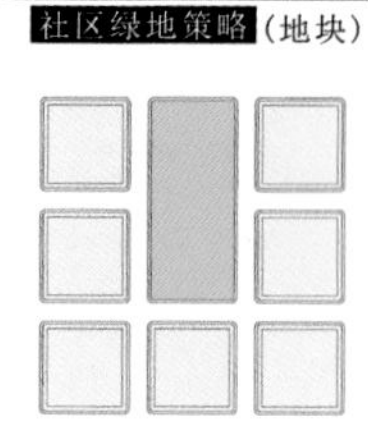

建议

- 地块使用率最大化
- 绿化空间可见性高，有比较一致的景观特点
- 将建筑退红线距离最小化，创造城市环境氛围
- 同一管理绿地维护水平提高
- 具有更好的公共开放性

故城新居——从系统叠加到逻辑形态 8

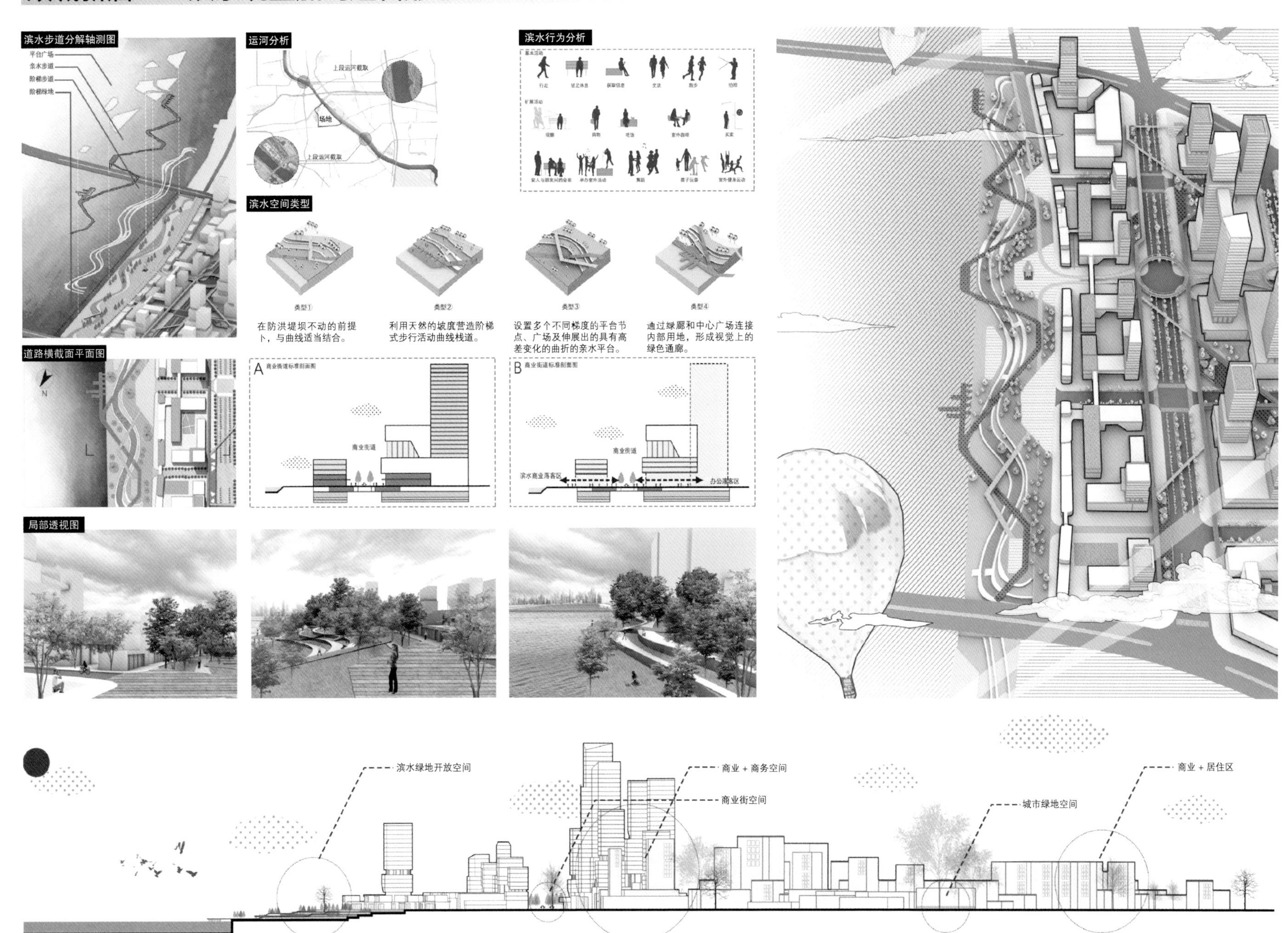

故城新居——从系统叠加到逻辑形态 9

设计总结

首先在调研阶段我们分析了新城与旧城的关系，明确了建立北京副中心的意义。旧有的北京城设施无法满足人们的需求，新城主要目标是建构一个新系统以疏解北京城的部分职能。面对城市设计中的诸多条件，我们采用区分系统的方法。由于城市本身是一个复杂系统的集合体，我们对所有条件进行系统的区分，并且在每一个系统之中再对系统内部的单元进行层级的划分，就可以得出面对城市设计问题的系统并有序的解决方案。我们的设计框架包含五个系统以及四个层级：系统包含用地、交通、开放空间、建筑空间及基础设施系统；每一个系统分为城市、用地、片区、地块四个层级。设计的过程就是整合设计对象和操作方法。在城市层级上，城市设计的核心目标是增强流动性，用地位于商务区中，所以我们以商务核心区的功能组成为基础，加以强化突出，并进行差异化的表达，使得最终方案实现了增强城市流动性从而增强城市活力的目标。在学习和设计的过程中，我们阅读了一些城市设计有关的书籍，研究了许多案例，包括SOM事务所的诸多项目。《城市营造——21世纪城市设计的九项原则》给了我们许多设计的方向以及评价标准。区分系统与层级的设计方法是在张巍老师指导下的一次受益匪浅的尝试，对我们来说是不同于以往做建筑设计的一条崭新的思路，对今后的设计学习也有着很大的启发。

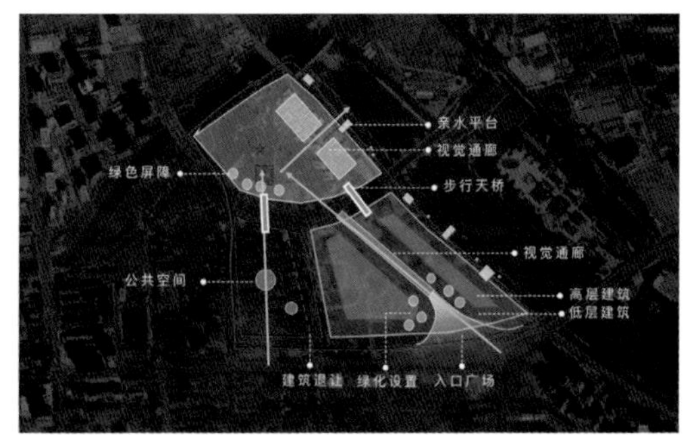

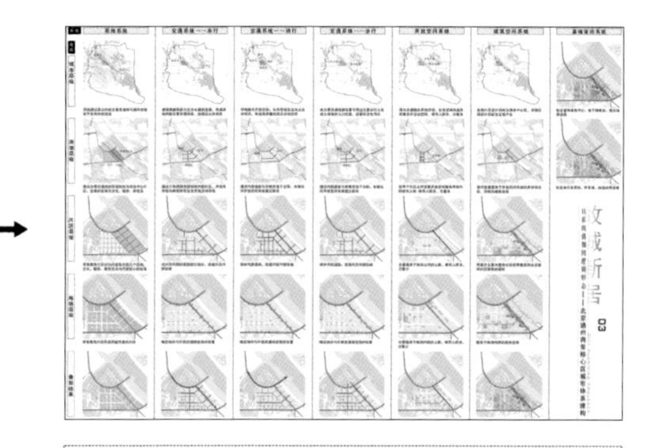

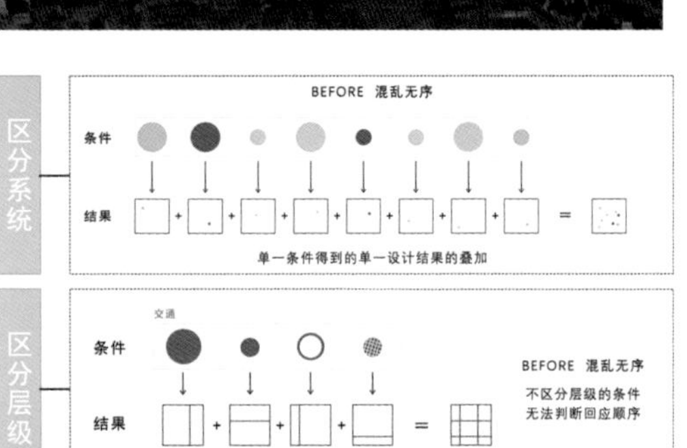

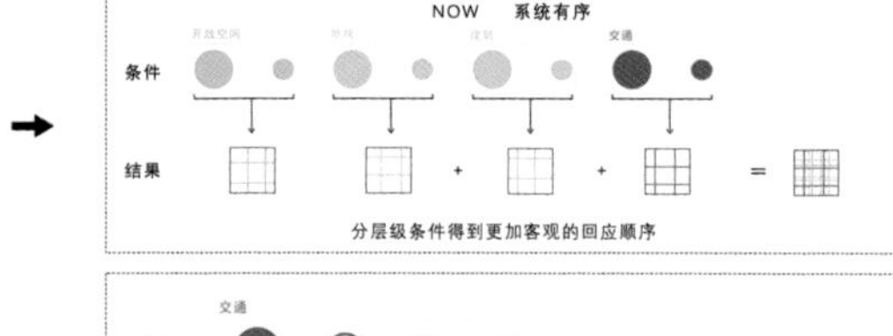

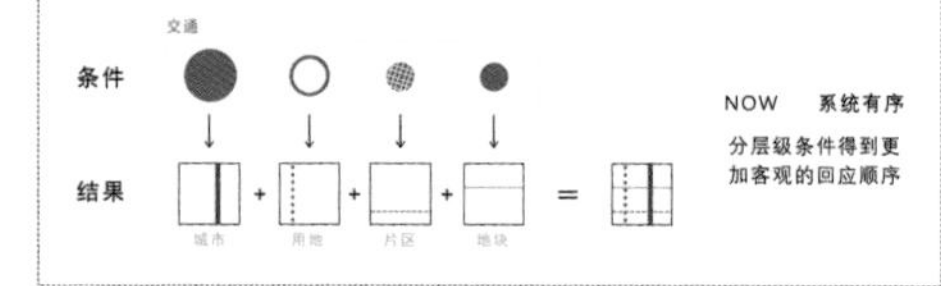

设计方法的转变

终期汇报合影，从左到右：王雨彤、颜实、荆萱、陶泓戎、张光睿

中期答辩，大家认真倾听老师们的建议

设计过程

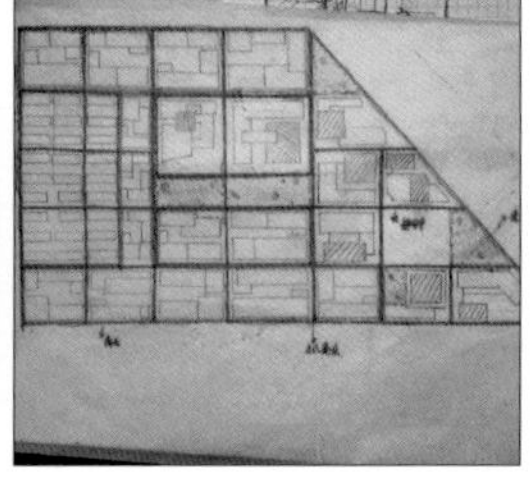

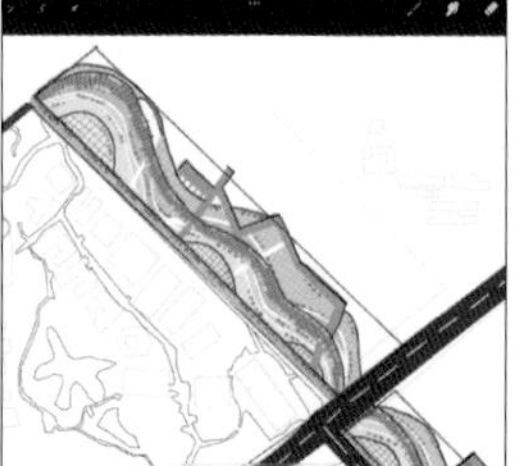

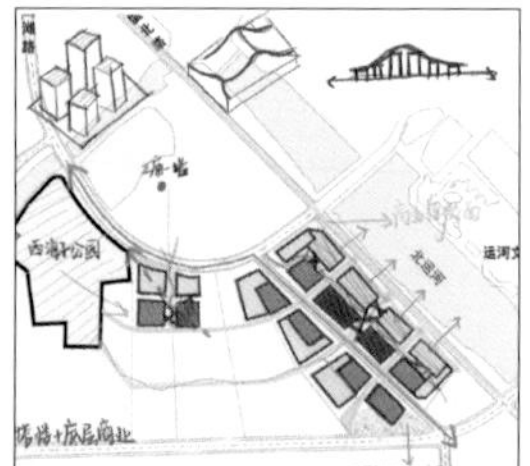

部分设计过程中的草图

设计感想

非常开心能够和许多优秀的同学一起参加这次北方“四校+1”联合城市设计，对我们来说，这是一次非常有意义的经历。初期实地调研阶段的混编分组，让我们和各个学校的同学有了一起交流和互相学习的机会，收获颇丰。虽然对建筑学学生来说，四年级上学期进行城市设计有一定的难度，但是通过和同学们的默契配合、合理分工，以及在张巍老师认真负责的指导下，我们小组成员还是一起克服了种种困难，完成了让自己满意的成果。通过这次设计，我们对于城市和它的内在逻辑有了更为全面深刻的认知，并掌握了城市设计的方法，也实现了自身的进步。最后，感谢张巍老师对我们的辛勤付出，感谢各位老师在答辩时给予的指导，感谢学校给我们提供了学习交流的提升平台！

北京城市副中心运河中心商务区城市设计

未来城市“副”作用

烟台大学二组

徐晟　张存松　刘益泽　刘涵　刘鑫鑫

未来城市“副”作用 1

地理区位

通州区位于北京市东南部，地处北京长安街延长线东端，是首都北京的东大门。东西宽 36.5km，南北长 48km，面积 906km²，有“一京二卫三通州”之称，是环渤海经济圈中的核心枢纽。

社会现状

经济方面

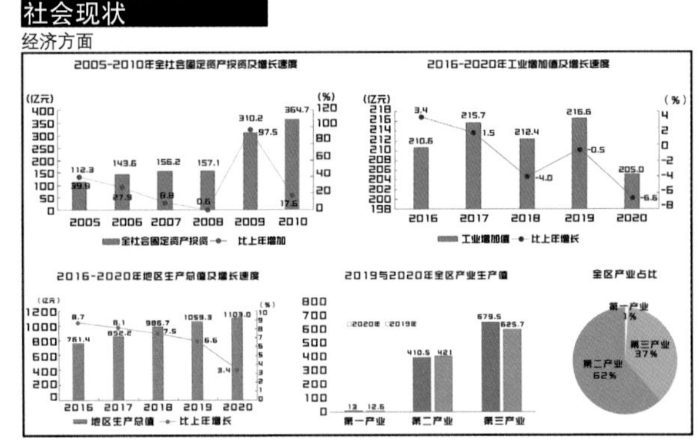

人口方面

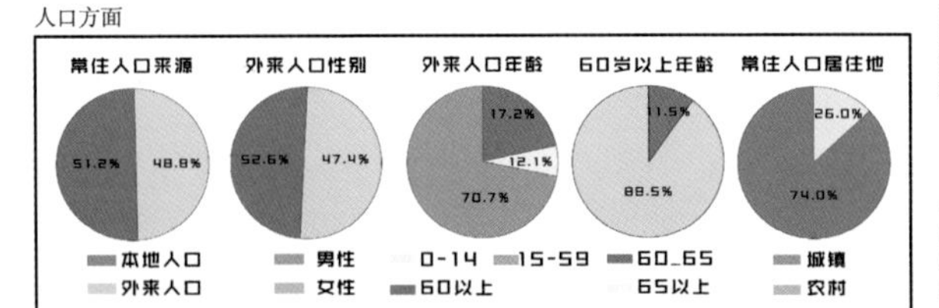

经济总结；随着区域国际化形象提升，城市高端配套加速建成，通州已远超旧日的“新城”定位，以金融商务及高端文化产业核心的地位，形成与 CBD 的互动之势。

人口总结：2020 年通州新城规划人口规模 90 万，选择通州作为北京城市副中心，一方面可以较大程度地减少因通勤而导致的交通拥堵，促进职住平衡；另一方面，通州的地理位置介于京津冀之间，也可以作为促进京津冀协同发展的重要枢纽，有利于促进京津冀一体化发展。

战略定位

- 国际一流的和谐宜居之都示范区
- 新型城镇化示范区
- 京津冀区域协同发展示范区

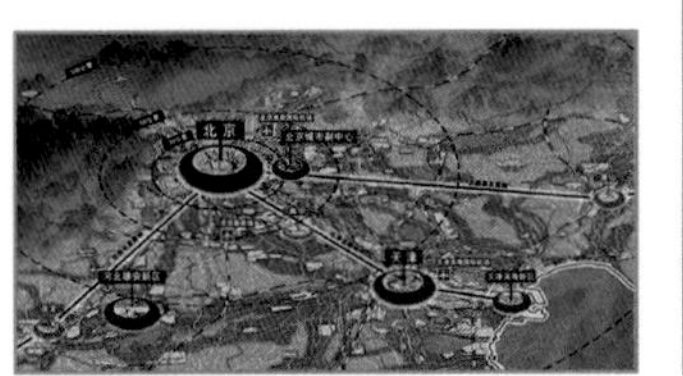

空间布局

一带 依托大运河构建城市水绿空间格局，形成一条蓝绿交织的生态文明带。

一轴 依托六环路建设功能融合活力地区，形成一条清新明亮的创新发展轴。

多组团 依托水网、绿网、路网，形成 12 个民生共享组团和 36 个美丽家园（街区）。构建集成建设施和城市公共服务设施的设施服务环，有机串联组团和家园，建设职住平衡、宜居宜业的城市社区。

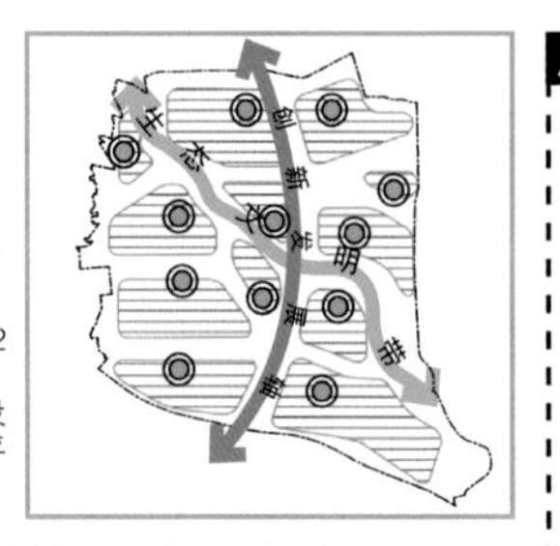

规模与结构

常住人口规模　2035年：控制在130万人以内

城乡建设用地规模　2035年：控制在 100 平方公里左右

地上建筑规模　2035年：约1亿平方米

战略留白　9平方公里，为重大发展战略、重大技术变革、重大项目预留空间。

优化三生空间结构　压缩生产空间规模，适度提高居住及其配套用地比重,大幅提高生态空间的规模与质量，强化生态底线管控。2035年城市副中心生态空间面积达到总面积40%的以上。

城市特色

水城共融　·传承运河历史文化，秉承自然生态理念，构建系列分洪体系，保障防洪排涝安全，重构水与城、水与人的和谐关系。

蓝绿交织　·全面增加绿色空间总量，构建结构清晰、布局均衡、连续贯通的绿色空间系统，提升绿色空间的便捷性、共享性和舒适性。

文化传承　·保护并利用好以大运河为核心的历史文化资源，构筑全面覆盖、贯古及今的历史文化传承体系，为公众提供高质量文化交流场所，增强文化创新驱动力，充分展现城市副中心文化底蕴和独特魅力。

以行政办公、商务服务、文化旅游为主导功能，搭建科技创新平台、形成配套完善的城市综合功能。

▼ 到2035年 ▼

初步建成具有核心竞争力、彰显人文魅力、富有城市活力的国际一流和谐宜居现代化城区。城市功能更加完善，城市品质显著提升，承接中心城区功能和人口的疏解作用全面显现，城乡一体化新格局基本实现，与河北雄安新区共同建成北京新的两翼。高质量发展的示范带动作用成效卓著，奠定新时代千年之城的坚实基础。

机遇与挑战

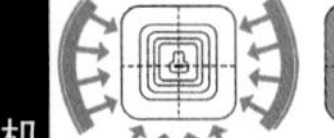

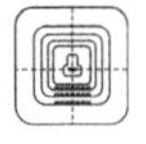
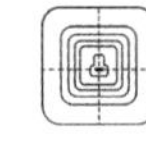
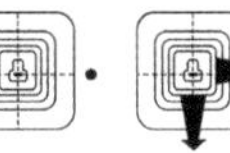
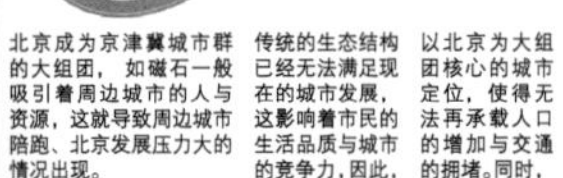
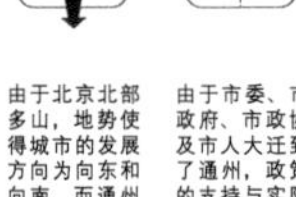

北京成为京津冀城市群的大组团，如磁石一般吸引着周边城市的人与资源，这就导致周边城市的陷跑、北京发展压力大的情况出现。

传统的生态结构已经无法满足现在的城市发展，这影响着市民的生活品质与城市的竞争力，因此，城市生态结构的更新迫在眉睫。

以北京为大组团核心的城市定位，使得无法再承载人口的增加与交通的拥堵。同时，商务与商业的高度集中带来的交通与污染。

为了疏解北京城市核心的压力，城市的去中心化必不可少，规划中的长安街轴线也为高速交通方式的跟进提供了条件。

由于北京北部多山，地势使得城市的发展方向为向东和向南，而通州恰好在主要发展方向上。

由于市委、市政府、市政协及市人大迁到了通州，政策的支持与实际行动，更加体现了北京发展副中心的决心，也为通州自行组团提供可能。

历史沿革

秦 秦朝时，全国被分为 36 郡都，通州属于渔阳郡。

汉 汉时期，从渔阳郡内划出蓟城东郊的一块重地建县，被称为“路县”，这是今通州区建制的开端。西汉末期，王莽篡夺皇位，改天下县制为亭，路县改称通路亭。后刘秀于路县大败农民起义军，建立东汉王朝。因路县濒临潞水，故将路县改为潞县，为渔阳郡郡治所在。

唐 唐初年，由于河北局势未稳，潞县战略位置重要，被升置玄州，领潞、渔阳（今天津市蓟州区）二县，同时在潞县东部置临沟县（今三河市），上隶总管府。

辽 辽代，在幽州设陪都南京，并设立南京道幽都府，潞县归属之。契丹改南京为燕京，改幽都府为析津府，潞县隶属析津府。由于帝后、群臣游猎并驻跸、供给的需要，将潞县南部地区析出置漷阴县（后清朝复并之），与潞县一并隶属析津府。

金 金代迁都燕京，改名中都，改析津府为大兴府，同时取“漕运通济”之意，在潞县置通州，即今通州区定名的源头。通州隶属中都路。这一时期，为南下侵宋而征运淮河、秦岭以北地域米粮物资和驾船南讨，力劈潞水（今北运河），南接卫河（今南运河），又开金口河，引卢沟河水流至通州城北入潞水，以便自通州转运粮食至京师。这便是今天北运河及通惠河的前身。

元 元朝改中都为大都，原大兴府不变，通州及潞县、漷阴县隶属之，后因漷阴县地扼潞河水道，且多为帝王游猎要地，故升置部州。元代南北大运河全线开通，自郭守敬开凿通惠河后，漕运事业获得前所未有的大发展，通州的地位愈加重要，成为享誉全国的漕运仓储重地。

明 明朝初年，改大都路为北平府，同时撤销潞县并入通州，从此“潞县”这个沿用了一千三百多年的名称被“通州”所代替。这一时期，为防御北方少数民族的入侵，通州大兴土木，修拓城池，兴修水利，扩建仓廒，通州不仅仅是漕运要地、仓储重地，更是北京东部的战略基地。

清 清初沿袭明朝旧制，裁撤漷阴县并入通州。顺治时期管辖三河、武清、宝坻三县，雍正年间改为散州，不再领县。为防御明朝旧势力反抗，清初曾设通州兵备道，后与密云兵备道、蓟州兵备道、永平道合并，改称通永河务兵备道，后设东路厅，所辖州县的钱粮均由所在道、厅核转。而通永道东路厅的治所均驻通州，由此可见通州行政级别的重要性。至晚清时期，天津开埠，北宁筑路，随之南漕停运，通州景况日渐萧条。

民国 民国时期，顺天府改为京兆，通州降称通县，隶属京兆。后裁京兆，通县隶属河北道。

1949 以后 1949 年后改称通县镇。1954 年，通县镇改称通州市，直属河北省。1958 年，通州市、通县合并，改称通州区，1997 年，撤县改区，通县复称通州区。

历史资源

通州具有丰富的历史文化资源，包括 1 处世界文化遗产——中国大运河，2 处全国重点文物保护单位，7 处市级文物保护单位，31 处区级文物保护单位，7 处地下文物埋藏区，1 处市级传统村落。

未来城市“副”作用2

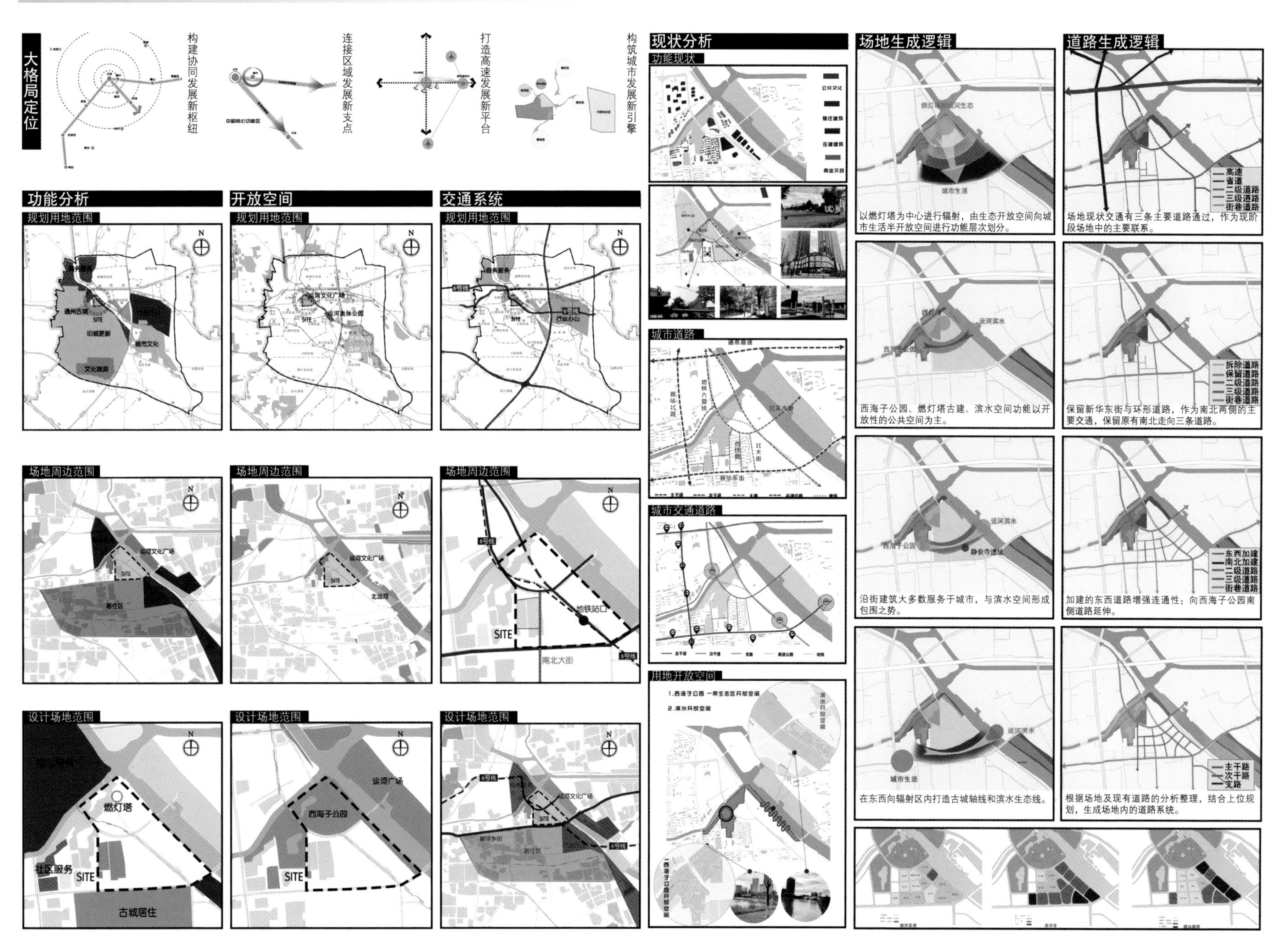
大格局定位
构建协同发展新枢纽
连接区域发展新支点
打造高速发展新平台
构筑城市发展新引擎
功能分析
开放空间
交通系统
规划用地范围
场地周边范围
设计场地范围
商务服务
通州古城
SITE
旧城更新
行政办公
城市文化
文化旅游
运河文化广场
运河奥体公园
6号线
居住区
北运河
地铁站口
南北大街
燃灯塔
社区服务
古城居住
西海子公园
运河广场
新华东街
现状分析
功能现状
城市道路
城市交通道路
用地开放空间
1.西海子公园 一期生态区开放空间
2.滨水开放空间
场地生成逻辑
城市生活
以燃灯塔为中心进行辐射，由生态开放空间向城市生活半开放空间进行功能层次划分。
燃灯塔
运河滨水
西海子公园
西海子公园、燃灯塔古建、滨水空间功能以开放性的公共空间为主。
静安寺遗址
沿街建筑大多数服务于城市，与滨水空间形成包围之势。
在东西向辐射区内打造古城轴线和滨水生态线。
道路生成逻辑
高速
省道
二级道路
三级道路
街巷道路
场地现状交通有三条主要道路通过，作为现阶段场地中的主要联系。
拆除道路
保留道路
保留新华东街与环形道路，作为南北两侧的主要交通，保留原有南北走向三条道路。
东西加建
南北加建
加建的东西道路增强连通性；向西海子公园南侧道路延伸。
主干路
次干路
支路
根据场地及现有道路的分析整理，结合上位规划，生成场地内的道路系统。

未来城市"副"作用3

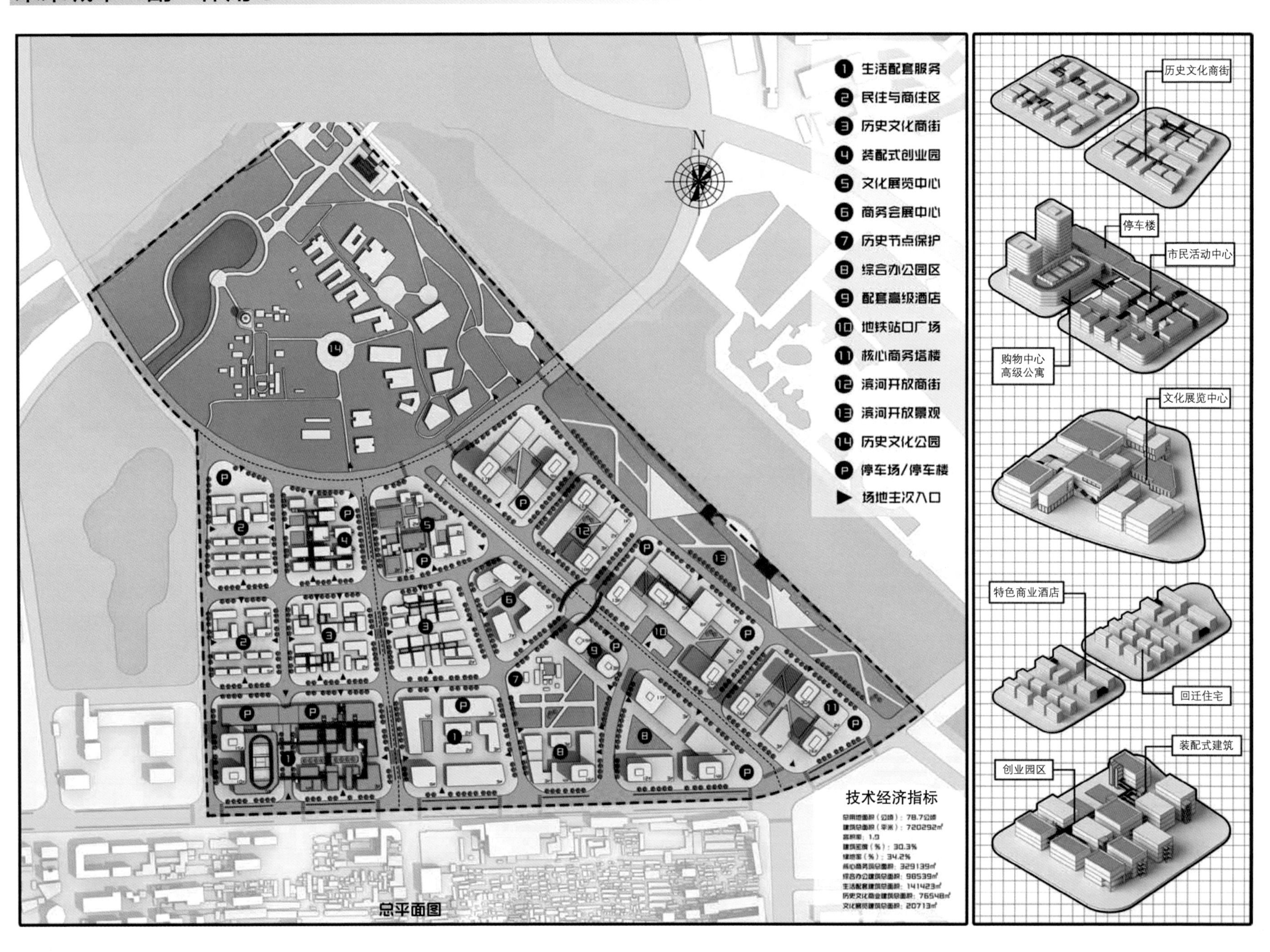

N
1 生活配套服务
2 民住与商住区
3 历史文化商街
4 装配式创业园
5 文化展览中心
6 商务会展中心
7 历史节点保护
8 综合办公园区
9 配套高级酒店
10 地铁站口广场
11 核心商务塔楼
12 滨河开放商街
13 滨河开放景观
14 历史文化公园
P 停车场/停车楼
场地主次入口
技术经济指标
总用地面积（公顷）：78.7公顷
建筑总面积（平米）：720292㎡
容积率：1.9
建筑密度（%）：30.3%
绿地率（%）：34.2%
核心商务区总面积：329139㎡
综合办公建筑总面积：98539㎡
生活配套建筑总面积：141423㎡
历史文化商业建筑总面积：76548㎡
文化展览建筑总面积：20713㎡
总平面图
历史文化商街
停车楼
市民活动中心
购物中心
高级公寓
文化展览中心
特色商业酒店
回迁住宅
装配式建筑
创业园区

未来城市“副”作用 4

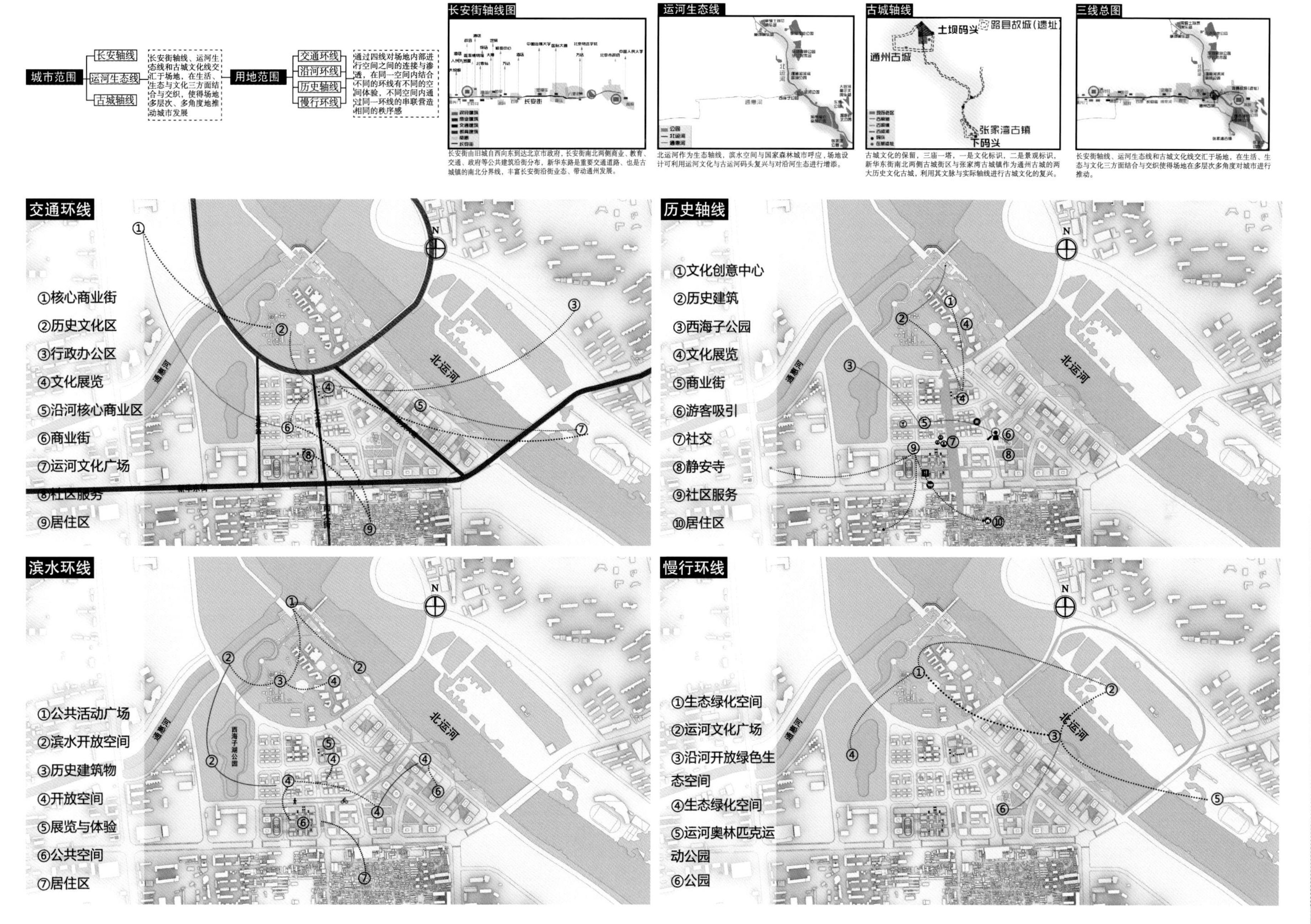

长安街由旧城自西向东到达北京市政府，长安街南北两侧商业、教育、交通、政府等公共建筑沿街分布，新华东路是重要交通道路、也是古城镇的南北分界线，丰富长安街沿街业态、带动通州发展。

北运河作为生态轴线，滨水空间与国家森林城市呼应，场地设计可利用运河文化与古运河码头复兴与对沿河生态进行增添。

古城文化的保留，三庙一塔，一是文化标识，二是景观标识，新华东街南北两侧古城街区与张家湾古城镇作为通州古城的两大历史文化古城，利用其文脉与实际轴线进行古城文化的复兴。

长安街轴线、运河生态线和古城文化线交汇于场地，在生活、生态与文化三方面结合与交织使得场地在多层次多角度对城市进行推动。

未来城市“副”作用 5

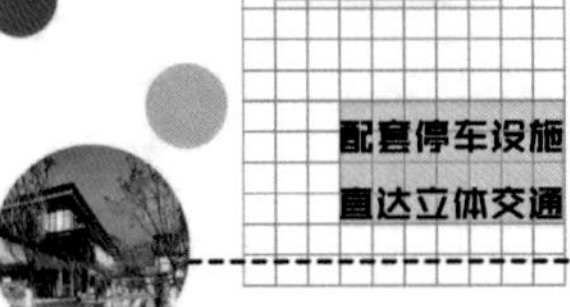

滨河商务区：北运河自然生态资源与运河历史文化的双重作用，使得滨河区域成为集生态、文化一体打造的特色商务区。

“三庙一塔”生态区：古建文化标识与五河交汇的生态结合，转景的连接与过渡增加生态与文化体验的趣味性。

商务办公区：公共空间视线的打开刺激文化感受，古建周围生态与建筑之间的生态相连通，文化与休闲兼得。

人才引进区：绿色生态的未来保护与经济创新的发展，创意区与商务区的连接，给予未来发展空间。

综合服务区：内部空间的植入与连廊的增设，减少街道空间带来的单调性。原古城街的渗透以轴线性的绿色空间体现，与静安寺的绿色空间形成联系。

历史商业区：贯穿的古城轴线，将静安寺和西海子公园结合起来，以历史为脉络，以生态为视线通廊，将商业与历史文化整合。

空间透视图

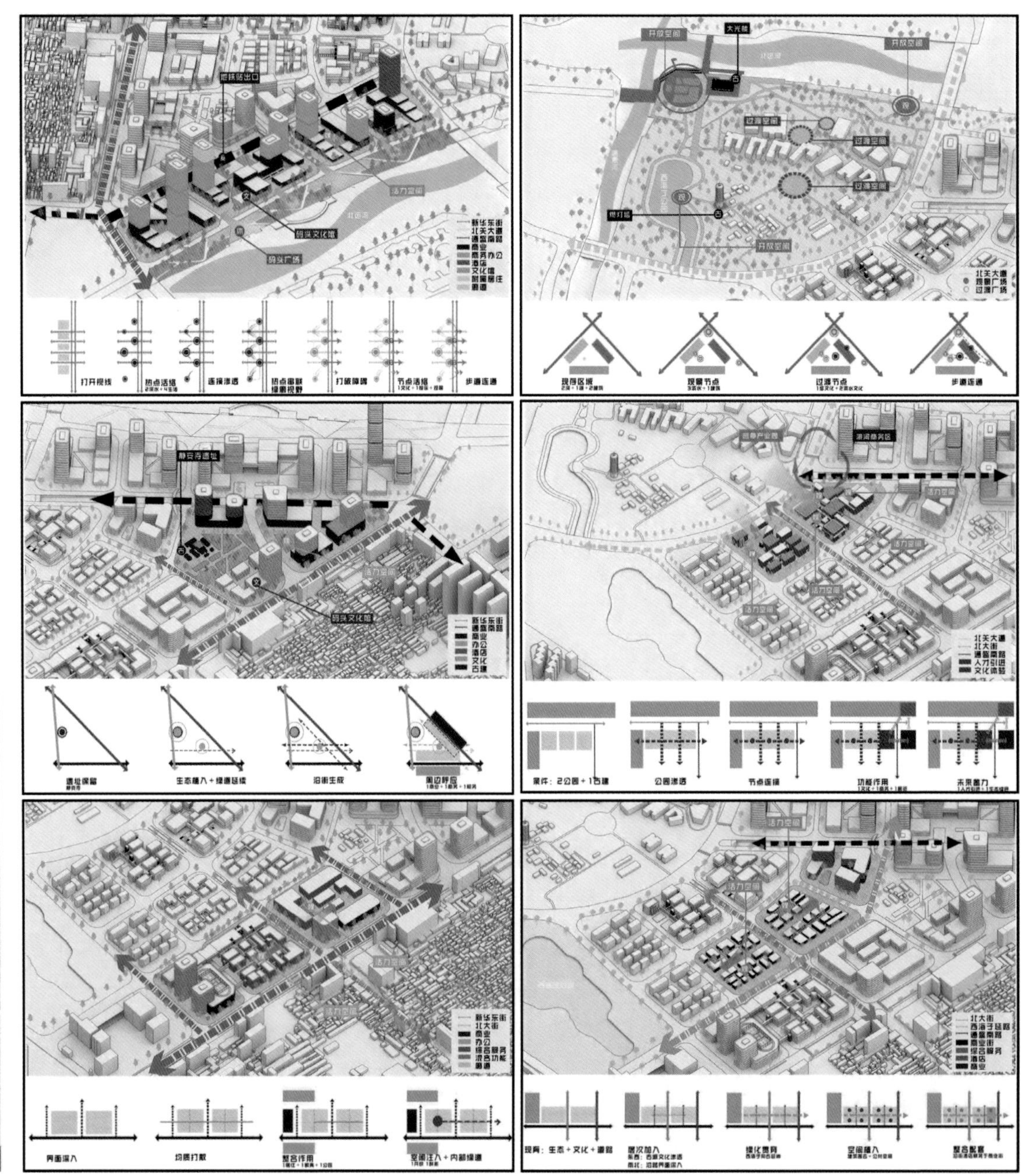

未来城市“副”作用 6

导则组成

将城市副中心作为一个统一整体进行管控，形成地下空间、建筑空间、滨水空间、街道空间、绿色空间 5 个分篇，建立涵盖地上和地下、城市规划和建设实施的空间管控体系。

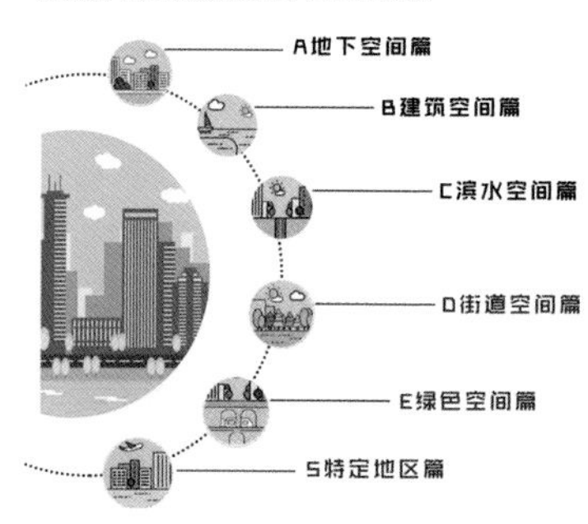

A・地下空间篇

深入落实地上地下一体化管控设计的要求，实现地下空间安全、紧凑、生态、宜居的规划建设目标。明确不同地区、不同深度的地下空间资源分布与开发策略。

分区引导地下空间

依据城市副中心用地功能布局和轨道交通网络，将地下空间分为四类利用区，即重点利用地区、鼓励利用地区、一般利用地区与限制利用地区。

地下空间设计意向图

B・建筑空间篇

深化落实格局肌理、高度轮廓、建筑风貌的相关要求，重点围绕建筑色彩、屋顶立面、绿色设计、建筑附属设施等要素提出设计管控要求，以构建特色鲜明的空间格局、协调有序的高度轮廓以及古今交融的建筑风貌，保证整体城市空间环境的协调统一。

1. 注重建筑高度协调

协调地块之间高度变化关系，采用跌落式建筑形式实现高层和低层的平缓过渡。

2. 鼓励建筑围合式布局

鼓励建筑围合式布局，营造尺度宜人的开放式街区和连续的街道界面。

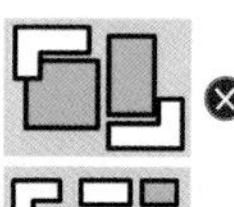

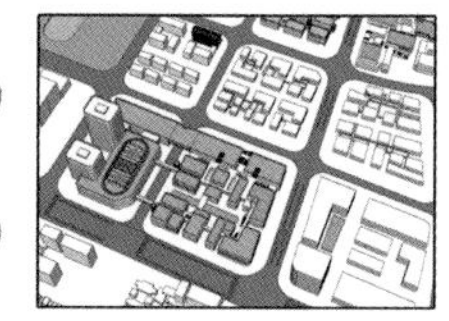

3. 布局清洁绿色的海绵设施

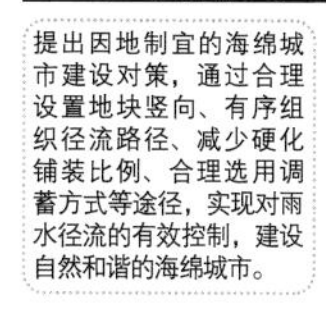
提出因地制宜的海绵城市建设对策，通过合理设置地块竖向、有序组织径流路径、减少硬化铺装比例、合理选用调蓄方式等途径，实现对雨水径流的有效控制，建设自然和谐的海绵城市。

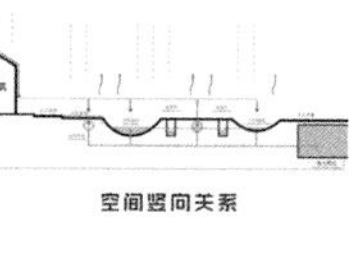
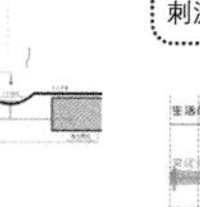

空间竖向关系

C・滨水空间篇

依托副中心多河富水的生态本底，以建设水城共融的生态城市为目标，在保障城市防洪防涝安全的基础上，从景观、亲水活动等方面对滨水空间的水体、河岸区、绿带、道路、桥梁等要素提出控制引导要求，提升生活游憩、商务休闲、旅游观赏、自然郊野、历史文化五类滨水空间的公共活力。

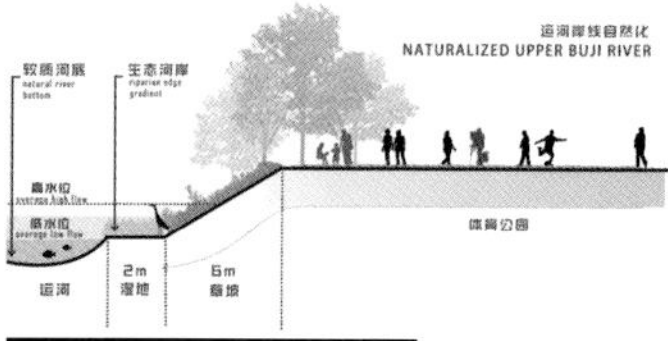

1. 鼓励滨水慢行活动

建设连续贯通的漫步道、跑步道、自行车道，设置类滨水空间节点，为人们提供多样化的亲水慢行活动空间。

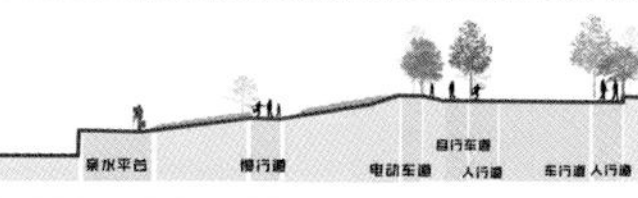

2. 增强滨水空间可达性

降低滨水道路对滨水空间与城市建设空间的隔离，鼓励设置亲水节点，增强慢行过街设施或通道，使市民能够便捷到达。

3. 实现滨水空间丰富性

通过提升滨水空间的丰富性，为滨水空间带来活力，以此刺激人的行为的丰富性。

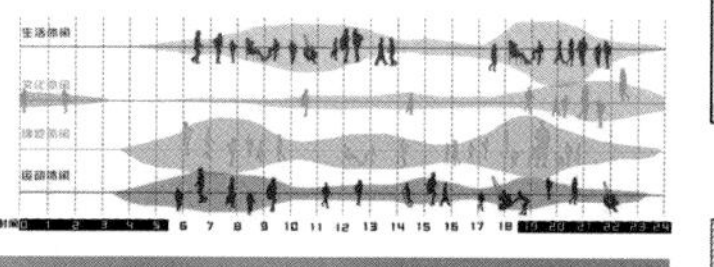

D・街道空间篇

深化落实小街区、密路网、步行和自行车友好城区、魅力城市公共空间的要求，坚持以人民为中心，建设宜人的城市街道。

1. 分级分类引导街道空间

在城市干道－街区道路两级道路体系基础上，根据街道两侧功能，划定景观休闲、商业商务、生活服务、交通枢纽和功能综合五种街道类型，制定差异化的管控引导策略兼顾交通通行和街道生活体验需求。

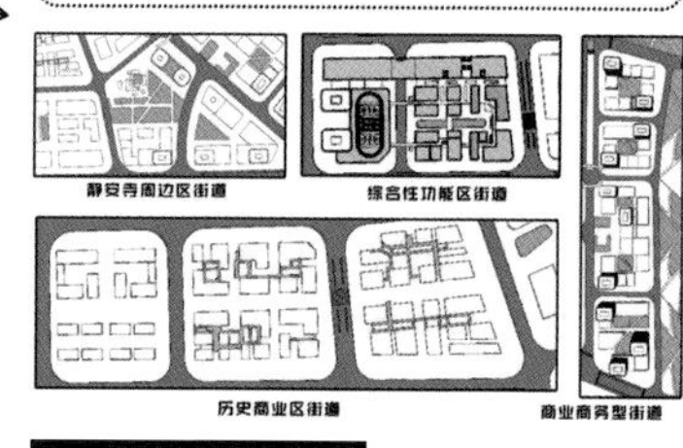

2. 提倡慢行步道

构建以人为本的城市街道，优先保障步行和自行车出行，按照步行＞自行车＞公共交通＞小汽车的优先次序分配街道空间，科学布局各类设施，创造安全有序的出行环境。

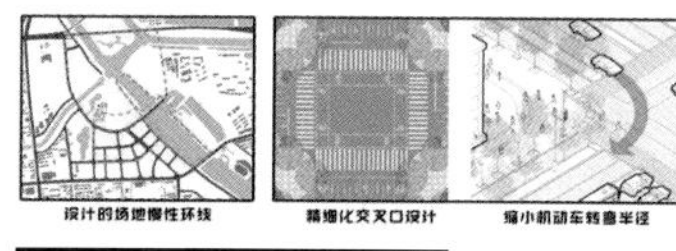

3. 营造街道开放空间

根据不同的道路层级与使用强度，创造不同的道路界面与开放空间，给人打造多种体验。

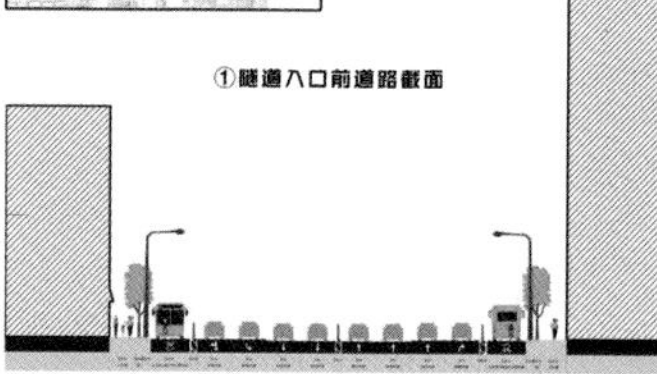
①隧道入口前道路截面

②核心商务区道路截面

③历史古轴营造道路截面

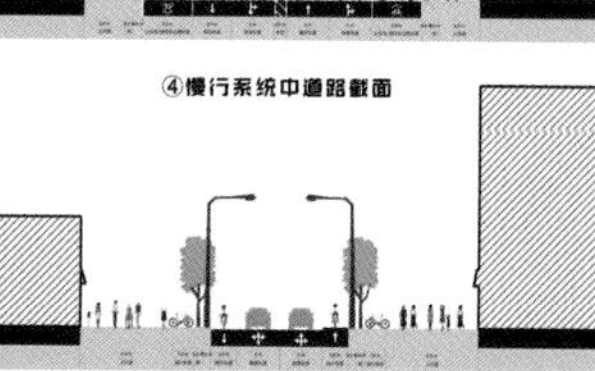
④慢行系统中道路截面

E・绿色空间篇

深化落实小街区、密路网，步行和自行车友好城区、魅力城市公共空间的要求，坚持以人民为中心，建设宜人的城市街道。

1. 分级分类引导绿色空间

打造系统性强、层级结构明确、空间连续和可持续运行的城市级、社区级两级的绿色空间网络。

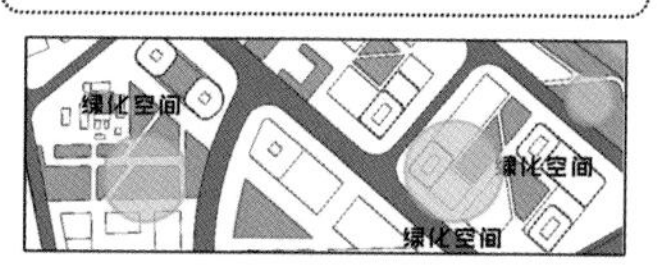

2. 鼓励开放共享

打破公园围墙隔离，增强绿色空间的开放度，加强居民对绿色空间的感知，助推绿色空间的全民共享。

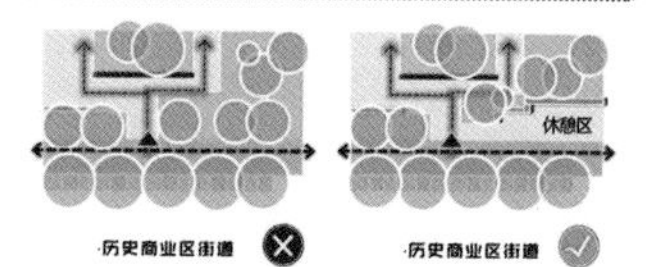

3. 提升各类绿色空间可达性

提升各级各类绿色空间的公共交通可达性，加强绿色空间出入口与公交站点的有效衔接，保障绿色空间步行通达、骑行顺畅、公交覆盖、换乘便捷。

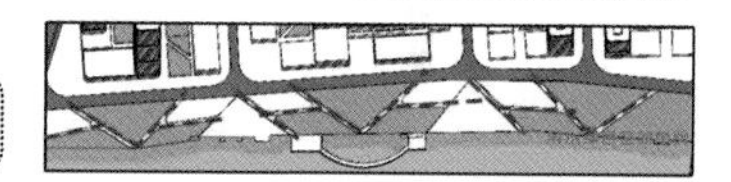

未来城市"副"作用 7

设计方案介绍

设计构思与理念：通过实际的调研、任务书与诸多网络资源的总结，我们分析研究了通州作为城市副中心的挑战与机遇。作为整体格局中的"一副"，通州绝不是作为北京旧城的"副"，而是新城市格局中的副中心，通州不仅仅要做到向东的疏解与功能的转移，最主要的是要形成独立的城市组团，成为一个"个体"提供未来发展的可能。本次设计课题的场地地块，北邻五河交汇的天然资源，南接长安街延长线这一城市格局中的"一轴"，东邻历史重要水利北运河，西邻国家森林城市西海子公园，场地内部更有着"一塔识通州"的燃灯塔、静安寺等历史文化建筑资源。因此，在把握上位规划的大方针前提下，方案尽可能地利用周边资源，打造一套综合多元的城市组团，作为未来通州扩散发展的"城市样本"。

设计策略：分析过上位规划对于地块道路交通、用地功能、开发强度等内容后，进行道路等级的区分与地块功能的深化与细化，对不同地块功能的差异与层级进行分析后，串入我们打造的针对不同层级的系统——城市绿化生态系统、城市轴线交通系统、区块历史古轴系统、地块慢行环线系统，进行叠加串联，最后再对地块之间、地块内部进行空间的打造、功能的再细化组织等。

个人心得

徐晟

城市设计是将法定规划落实到空间形态的设计，是衔接法定规划和单体建筑设计的中间环节。城市设计是以一个宏观的角度看待问题，对于一直接触单体建筑设计的我们来说，城市设计无疑是一次全新的设计体验。我们看待问题的角度、处理问题的方法，以及处理城市设计与建筑设计之间关系等，这些都通过此次学习得到了进一步的理解与提高。

张存松

能够有机会参与本次联合城市设计，结交了新的朋友，感觉就像是一场梦。第一次尝试城市设计有太多的迷惘，面对非常大的挑战，不过也使我们学会了更多的知识。有一群志同道合的朋友一起探讨、学习等，更加激发人的潜力，能够完成平时完成不了的工作。
这次设计对我而言，解决了很多疑惑，学会了更多的知识，结交了几个新的伙伴，特别是对于合作交流有了更多的感悟，让我学会交流，学会合作。最后感谢老师们在整个设计过程中的辛勤指导。

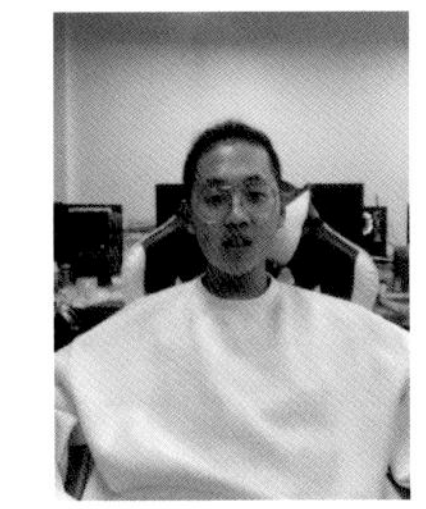

刘益泽

这是我们大四以来第一次接触城市设计，在此之前，我们的专业课做的都是体量不大的建筑，突然上升到了城市的层面，一下子打开了我们的眼界。
除此之外，本次的设计场地也具有极其特殊的意义——既是北京旧城的东大门，又是未来城市副中心，这让我们能够在设计过程中不断思考这些矛盾点，不断巩固与理解自己的方案。
中期与后期汇报中，我们也看到了兄弟院校们之间的不同，通过比较与反思，专业素养得到了很大的提高，前期的混编调研与中后期的多人合作，在提高了团队合作能力的同时，也收获了深厚的友谊。
感谢学校和老师为我们提供了联合设计的交流平台，让我们有机会打开视野，找到适合自己的路。

刘涵

跌跌撞撞地在建筑学这个专业学习了三年有余。在联合城市设计这个契机里，我第一次接触城市设计，任务书刚拿到手的时候，热情很高，三天两头跑图书馆，跟城规专业同学沟通、交流和学习，做好了前期准备工作，接下来就是认真去实地调研，五校混编，也了解到了其他学校的教学方法。同时，作为当代建筑学学生，我紧跟建筑在新时代的变革发展，尝试打开视角，去解决眼前的难题——城市饱和"去中心化"，不断地在现实面前接受挑战，积极交流，收获更多。
最后，感谢老师和学校提供的机会，天道酬勤，有了机会和努力，我们一定会达到自己想要的高度。

刘鑫鑫

联合城市设计前期的准备工作及设计构思是整个设计的核心和重点。在场地调研期间，我学习到对尺度和空间关系的把握，以及城市的文化内涵等很多设计基础，这是后期设计的必要内容。各学校同学的积极合作是一个好的设计基础，同时也让我学习到各个同学不同的思维方式。
在设计过程中，最难的点是对于场地的整体把控。我们需要对城市进行思考，对场地和城市这两个尺度进行宏观把握。历史文化和运河文化的加持、慢行系统的贯穿在后续深化过程中很难均衡，所以后期我们进行了彼此之间的关联设计。
设计中，最先学习到的就是合作以及沟通的重要性，设计本身的宏观性需要小组成员的多方位思考；其次，设计过程中的修改和完善要围绕我们的主题；最后，我们对于城市有了更高层次的理解，学习到了很多内容，很幸运有这样的机会跟大家一起学习。

北京城市副中心运河中心商务区城市设计

O—RING

北京建筑大学一组

孟昭祺　杨宏杰　李健　赵玟瑜

O-RING 1

设计说明：

项目位于北京城市副中心通州，地处五河交汇处，是一片正在开发中的商务核心区。通过对该区域周边数十公顷范围的调研，我们总结出该区域的几个城市问题：千城一面，导向性差；新老城区分割严重；部分区域对行人不够友好；缺少公共活动空间等。在方案构思中，我们抓住绿色生态与步行体验两个核心问题，引入生态活力环 O-RING 的概念，通过一个圆环步行廊桥将场地周边的西海子公园、运河文化广场与源头岛相连，串联起整个区域内的大块绿地。环道穿过场地的同时将绿色生态引入，在不同的区域呈现出宽窄不一的形态。部分环道架空作为空中廊道，顺应穿越区域内的不同特点，为周边的居民、商务人士、外来游客提供不同的体验，近距离享受生活，亲近生态，感受运河文化。

在红线范围内，我们将 O-RING 定位为商业绿谷与市民活力带，通过总平图上的图底关系处理将大块绿地嵌入绿环中，由绿环延伸至场地内部，重新建立场地水文绿地联系，由西海子公园自由形态的空中廊桥延伸至北运河上的水中乐园。布满绿植的步行廊道与圆环呈正交关系，由绿轴引出并向周边延伸，将人们在其中的视线引向燃灯塔、静安寺等历史建筑，加强历史古迹与行程的关系。绿轴周边布置有多个大型公共建筑，强调功能混合的规划理念，将周边居民引入，为新建商务区注入大量活力。功能布置强调由南到北的过渡与混合，由商业逐渐变为文化功能，通过绿环与绿地建立联系。整个地块内的建筑高度与开发强度由北大街至燃灯塔逐渐降低，在尊重历史文脉的同时重塑运河天际线，并在场地东南角局部突破限高，打造地标建筑，增强整个区域的辨识度，为行走在其中的人引导方向。新置入的功能由西至东依次为艺术中心、老旧住区城市微更新、文体娱乐中心、空中廊桥花园、码头水乐园几个主题活力点。每一个活力点围绕绿轴展开，以大片绿地为根基向周边辐射，其中有大型公共建筑引领，地景式的景观环绕，尽可能多地布置绿化，让当地居民、商务人士与外来游客在其中体验到绿色生态与人文关怀，在历史古迹的游走与遥望中感受源远流长的通州运河文化。

设计过程感想：

本次运河中心商务区城市设计把我们从以往课题当中的建筑视角、街区视角带到了城市的视角下，通过前期的联合调研和汇报，了解和学习了剖析大尺度的城市场地要素的方法，之后的城市设计过程中，我们进行了从区域定位到整体结构，再到城市空间各个方面的探讨和尝试，选择追求一种较为理想、新颖的做法，是我们在城市设计这门课题上的一次大胆尝试。此外，通过联合城市设计的机会，我们结识了其他学校优秀的同学和老师，接触到了对于城市设计的不同理解和好的想法，使这八周受益匪浅。感谢这期间辛勤付出的老师们，有缘再会。

O-RING 2

区位概况 该项目位于中国北京市通州区北关片区的通州运河中心商务区，西起新华北路，南到新华东路，东至北运河文化广场，北至源头岛北岸温榆河旁。在北京建设世界城市的背景下，规划要把通州新城建设成为践行“人文北京，科技北京，绿色北京”理念的典型示范区。

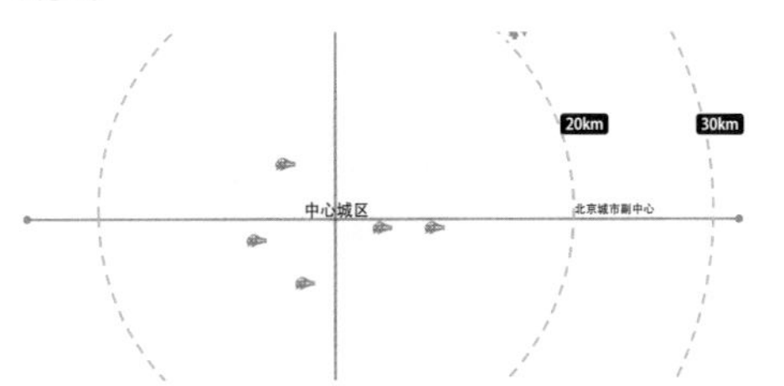

历史沿革 通州自古以来在北京乃至华北地区都占有很重要的地位，在历史长河中，通州也孕育了其独有的运河文化、生态文化、古城文化等，其中还有“三庙一塔”、静安寺等重要的保留下来的历史古迹，具有丰厚的历史底蕴。

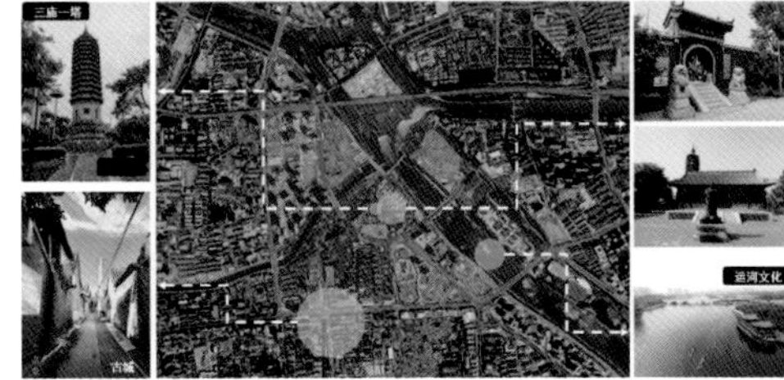

规划解读 在上位规划中，通州的发展以“一带一轴多组团”为核心模式。对于场地所处的片区，上位规划提出三个目标，即复合型的运河商务中心、体验型文化传承展示区、共享型生态宜居活力区。

典型街道风貌展示

场地现状

典型人群行为分析

选取吉祥园和如意园两处现存的老旧小区进行人群行为分析。其居住人群年龄大多为 50 岁以上，活动多以休闲为主。

与主城区水系关系

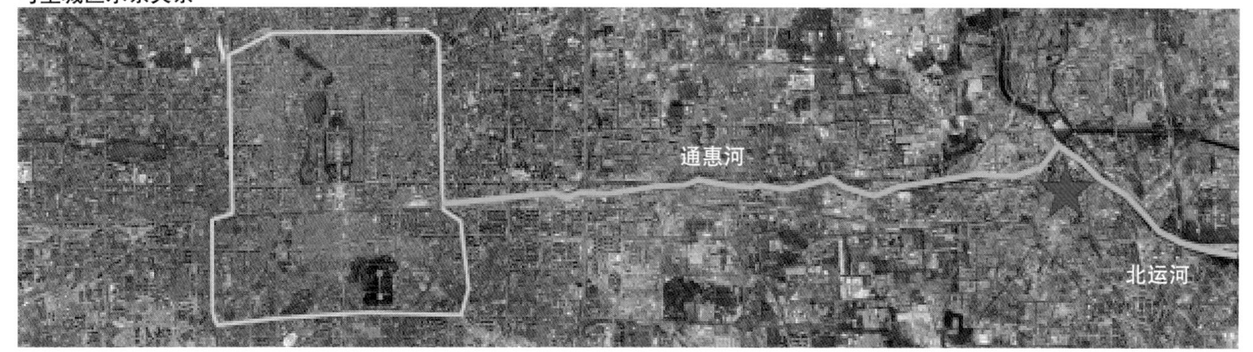

O-RING 3

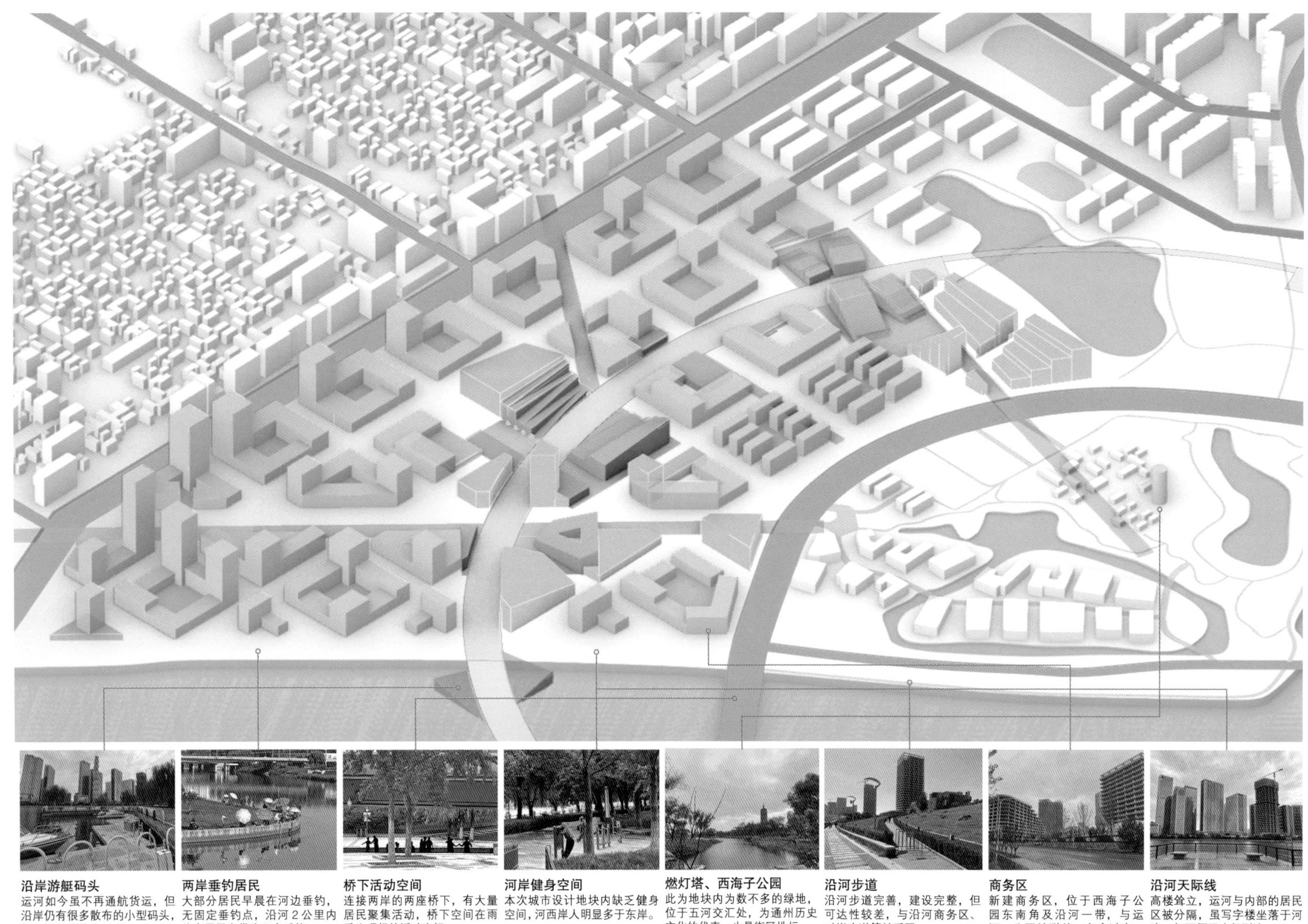

沿岸游艇码头
运河如今虽不再通航货运，但沿岸仍有很多散布的小型码头，用于发展旅游业。

两岸垂钓居民
大部分居民早晨在河边垂钓，无固定垂钓点，沿河 2 公里内均有居民自带遮阳伞垂钓。

桥下活动空间
连接两岸的两座桥下，有大量居民聚集活动，桥下空间在雨季为理想的活动空间。

河岸健身空间
本次城市设计地块内缺乏健身空间，河西岸人明显多于东岸。

燃灯塔、西海子公园
此为地块内为数不多的绿地，位于五河交汇处，为通州历史文化的代表，也是街区地标。

沿河步道
沿河步道完善，建设完整，但可达性较差，与沿河商务区、对岸步道等关系弱。

商务区
新建商务区，位于西海子公园东南角及沿河一带，与运河、公园关联差，高度过高，隔绝性强。

沿河天际线
高楼耸立，运河与内部的居民区被分隔，虽写字楼坐落于河边，但不便于步行到达。

O-RING 4

概念生成

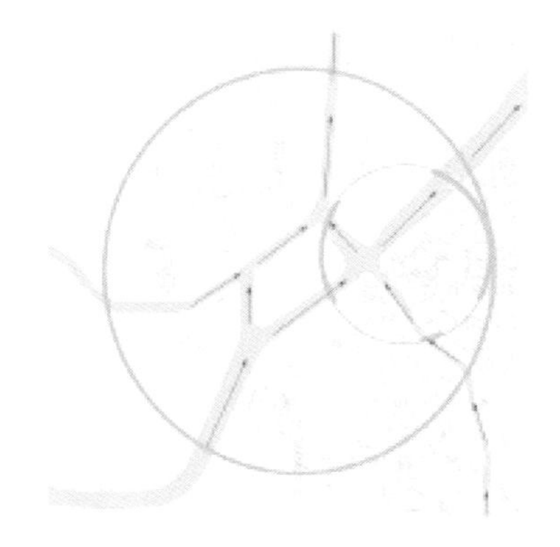

场地拥有五河交汇处的独特地理优势，为发挥其生态价值，结合上位规划，提出绿环的概念。

场地内拥有较多的生态景观资源，但大多呈散布状态，通过绿环将绿地和滨水区域连接起来，增强绿地整体性。

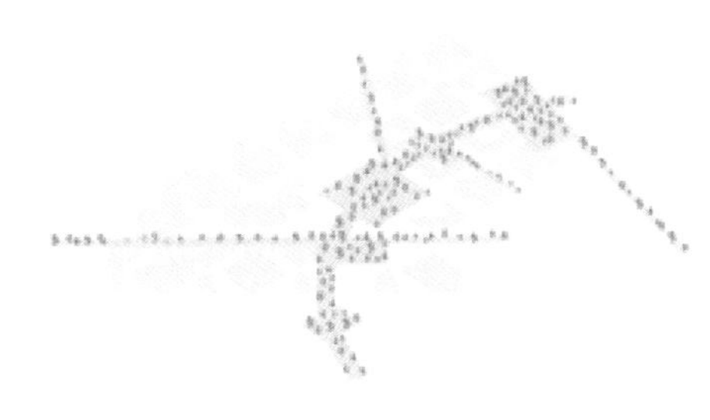

场地内缺少公共活动空间，这也是导致当地活力不足的原因之一。沿绿环设置公共空间节点，提供放松、解压的绿色环境。

延续绿色生态的概念，在街块内建筑围合的空间中设置点状绿化公共空间，与绿环相呼应。

绿环体系分析

利用绿环连接通惠河及北运河两岸与五河交汇处的景观岛，加强五河交汇处在景观、交通上的联系。在规划景观绿环时，着重加强场地内部居民区、商务区与运河沿岸现有步行道路系统的联系，加强其可达性。在场地内以绿环为核心，以环上四个公共活动空间为主要节点，对路网进行重新规划。四个节点为街区居民提供不同性质的活动空间，同时加入商业，服务周围居民和附近写字楼工作人员。

整个地块内，甚至整个通州区，由于用地紧张，高密度的建筑侵占了绿地。新建绿地为人们提供了工作之余的休闲场所，吸引人们进入。绿地和周围写字楼、居民楼相结合，尽可能为工作者、居住者提供一个放松的环境，努力打造健康城市。

地块内加入商业和办公服务的功能，为居民提供一个更加方便的生活区，同时将商务区与公共活动区、自然景观区结合，打造15分钟步行生活圈。绿地景观在现今城市中已成为人们居住追求的重要部分，在规划该区域时，我们尽可能给每块住宅用地配备绿地，单独供该地块的居民使用，同时也将住宅用地内的每块绿地与大环境中的绿环、运河、公园、水系相连接，所有景观和绿地作为一个完整的有机体渗入整个街区。

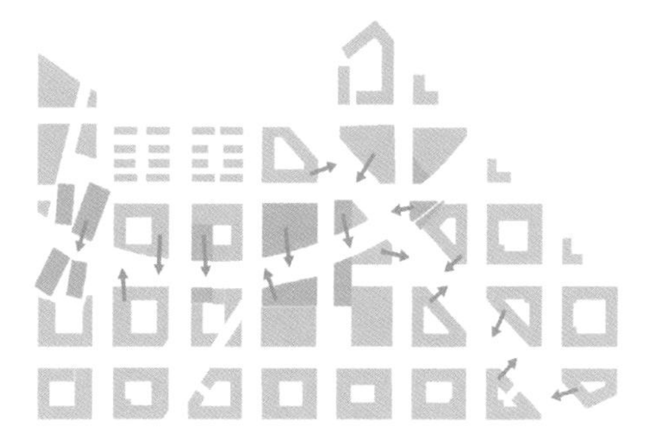

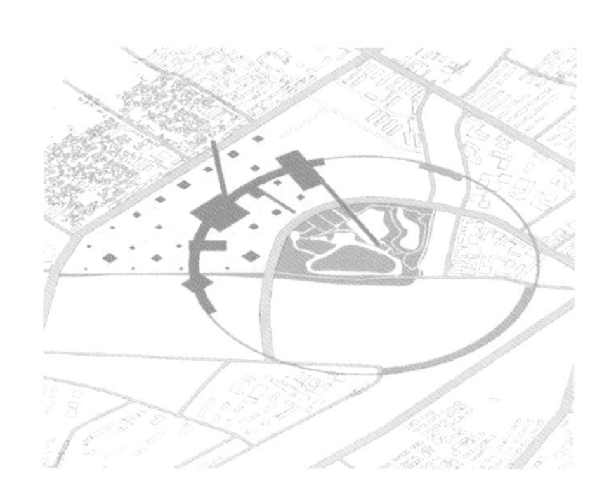

居民步行生活圈功能

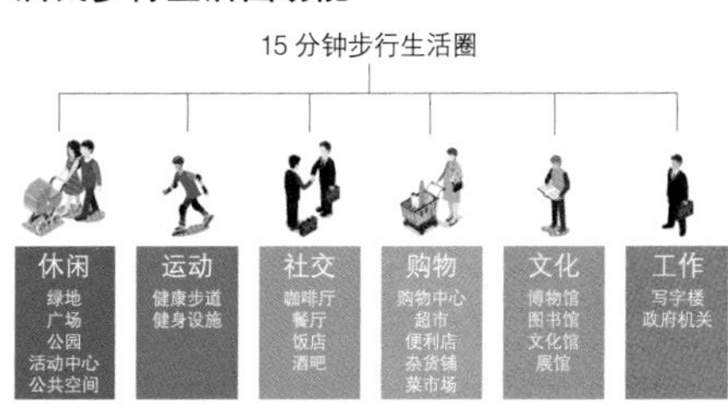

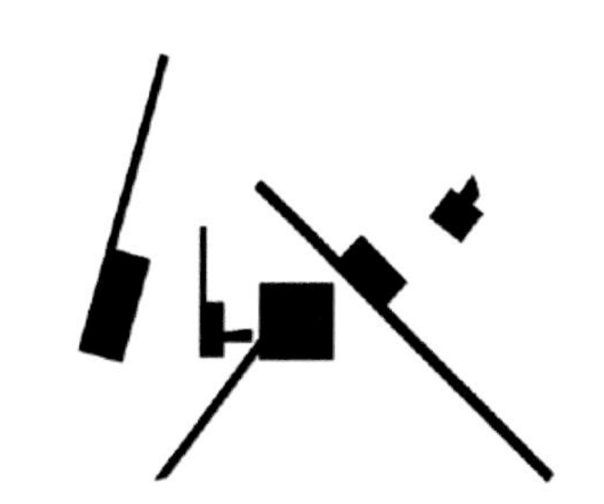

+

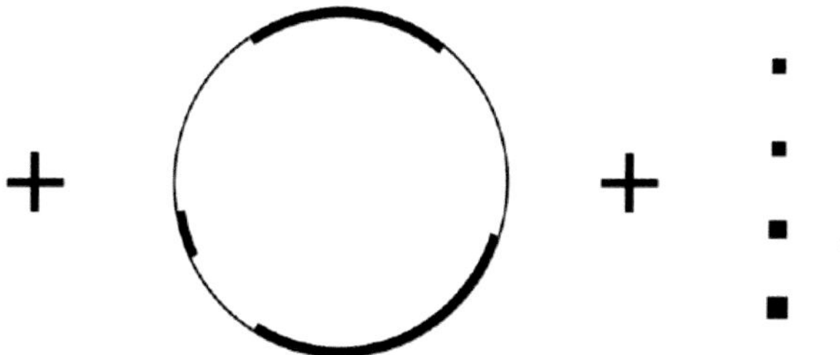

+

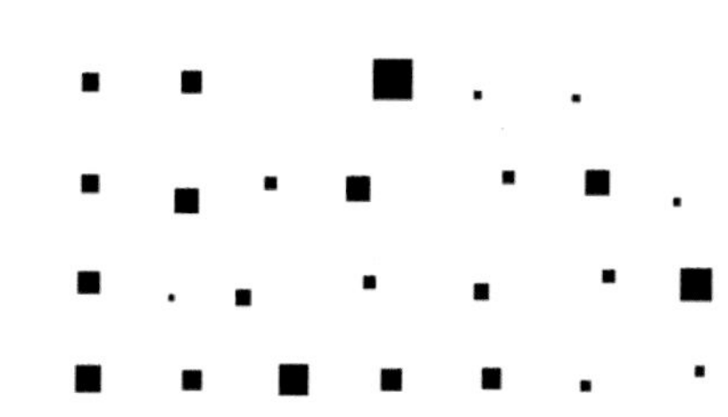

O-RING 5

建筑高度分析

天际线生成逻辑

现有沿河功能多为百米高楼，且密度高，与运河的关系弱，对于在河岸活动的居民和游客而言，在运河沿岸行走感受较差。运河与周边商务区、居住区乃至整个街区关联性差。

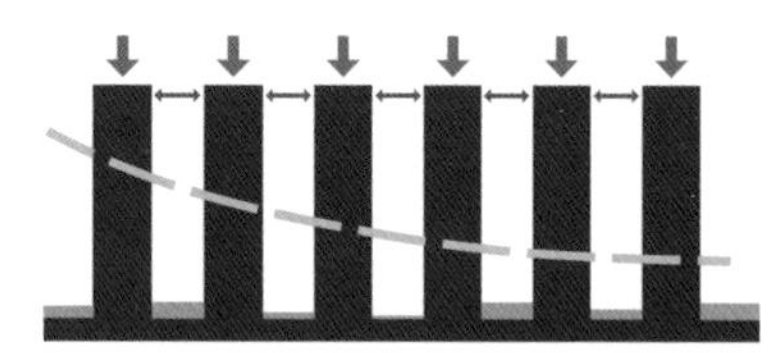

对沿河岸天际线进行调整，建筑高度沿五河交汇处缓慢降低，降低建筑密度，增大楼间距，同时在建筑间加设城市绿地，增加公共空间，提供良好的步行系统，为周边的居民、白领营造良好的健康城市氛围。

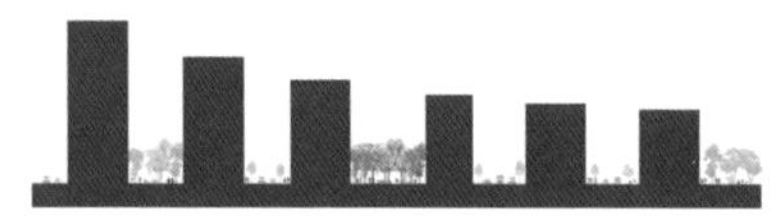

调整沿河天际线，重新规划地块内交通，梳理人行道及车行道关系。在地块中间打造具有标志性的“绿轴”，增加地块内绿地使用面积，将新增绿地及原有绿地串联，同时改善步行系统，营造友好步行街区。

运河沿岸建筑高度

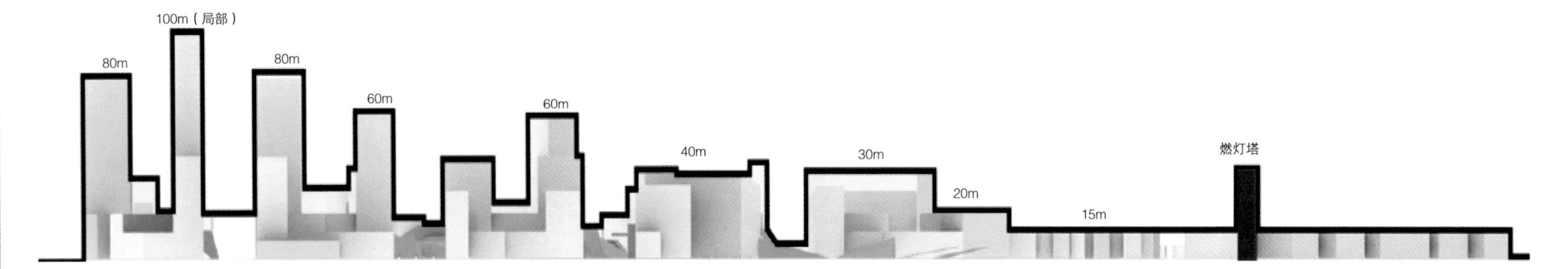

O-RING 6

开发强度分析

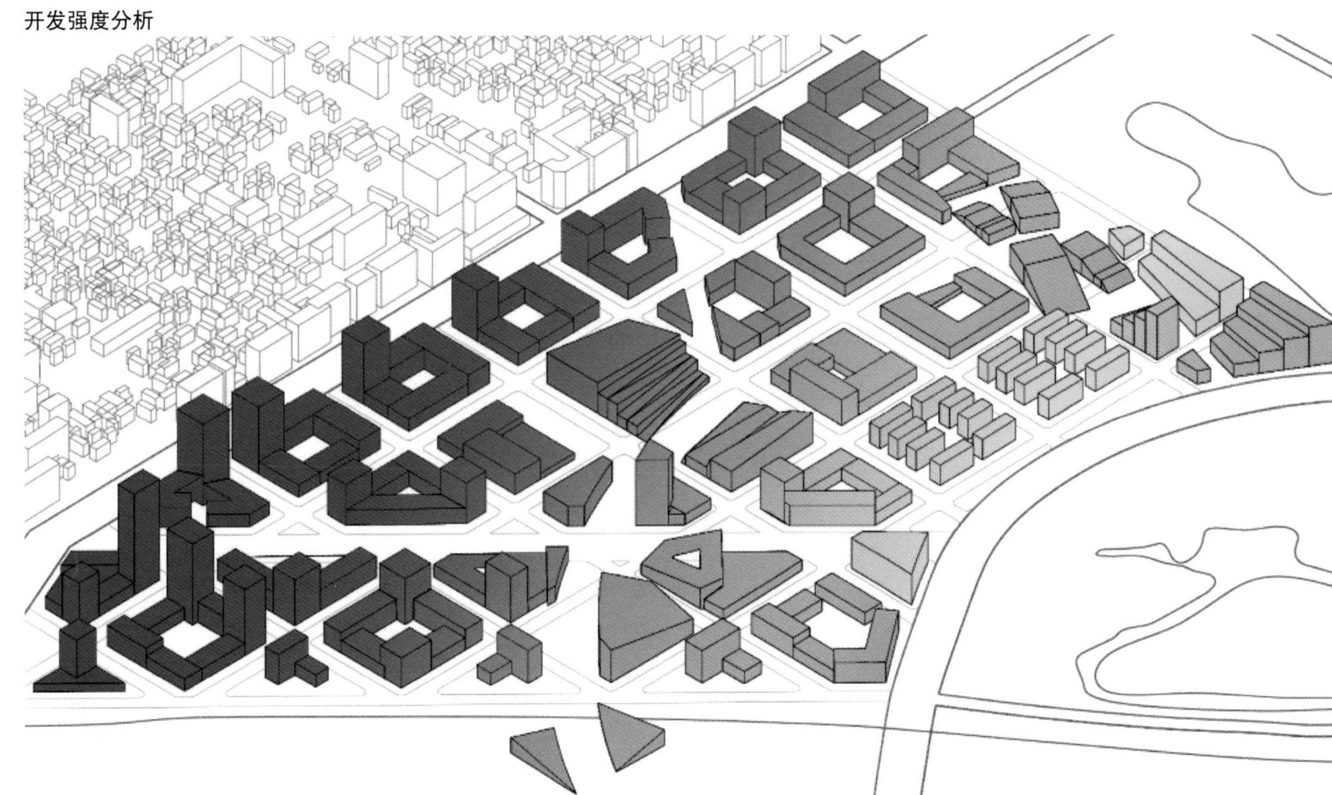

建筑高度分析

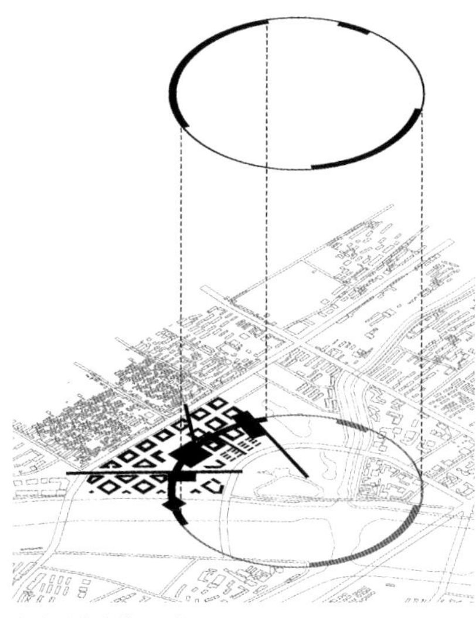

新规划建筑图底

新增绿地底图

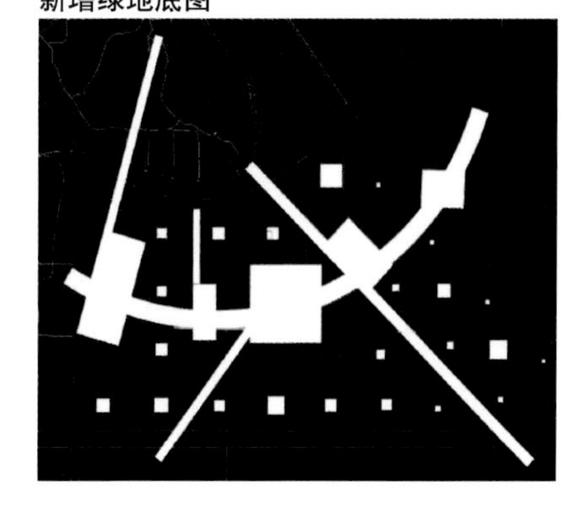

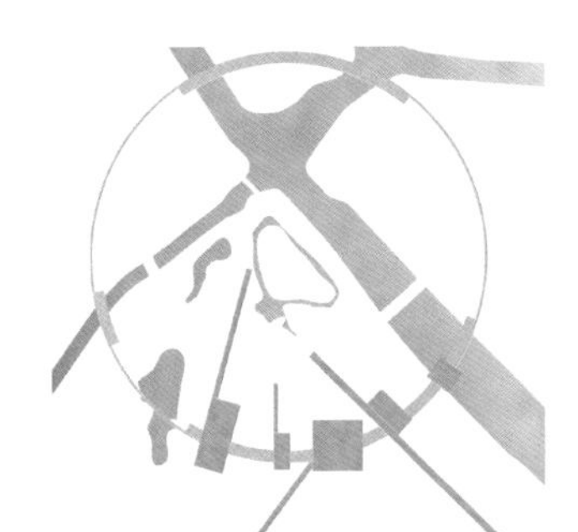

绿环连接运河沿岸四块非居住用地
设计地块内绿环联系通惠河和北运河，同时连接西海子公园内水系与运河；串联地块内散布的绿地活动空间，加强绿地整体性。

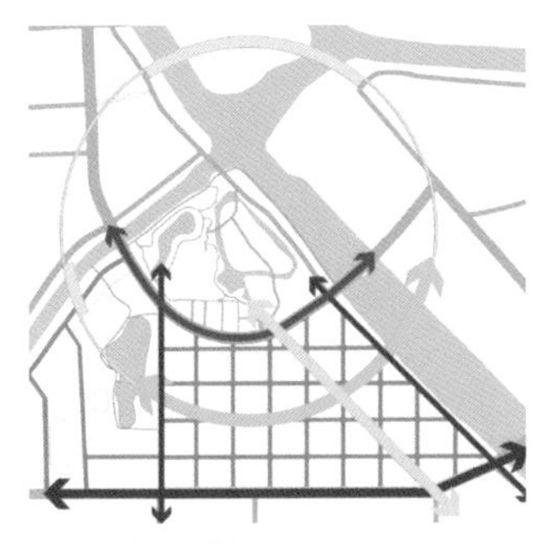

对现有路网重新规划整理
加强场地内部与沿河沿岸空间的联系，梳理人行道与车行道的关系，增强可达性；营造友好步行系统，绿轴和步行系统结合并在街区中占主导地位。

重新规划运河沿岸的功能分区
保留一部分原有老旧小区，新建青年公寓，完善周边配套设施。
运河岸边增加商业步行街及公共空间，改善城市与运河关系。

以绿地节点和步行廊道串联古迹
考虑到总平面图上的图底关系，将大块绿地置入，由绿环延伸至场地内部，重新建立场地与运河、绿地的联系。绿色步行廊道由绿地引出，将人们的视线引向燃灯塔、静安寺等历史建筑，加强历史古迹与步行路线的关系。

O-RING 7

文体中心街道剖面图及效果图

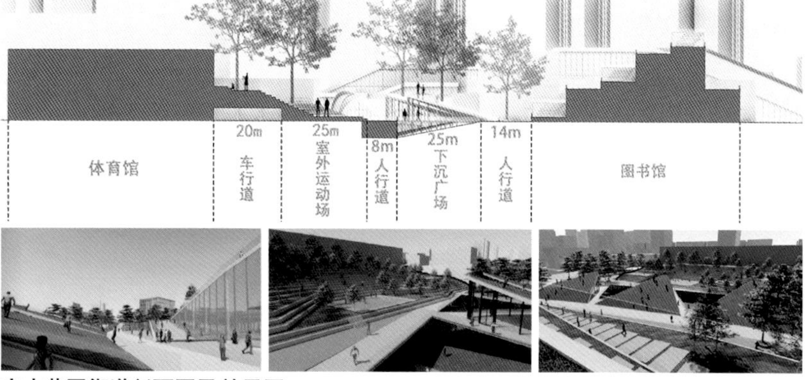

空中花园街道剖面图及效果图

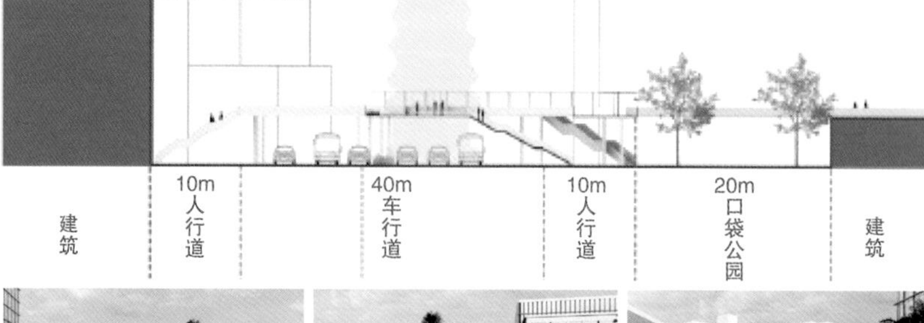

水乐园、码头街道剖面图及效果图

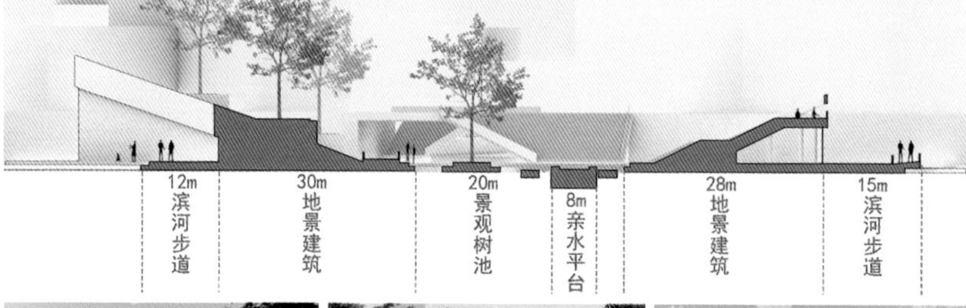

空中花园（柏油路上的绿洲）

O-RING 9

水乐园、码头（日间活力点）

孟昭祺
MENG ZHAOQI
中国 北京建筑大学
本科在读

在本次的联合城市设计中，我了解到很多生态环境及绿色建筑与人感官、心理相关的知识，学习到城市设计不只是交通流线、功能排布的合理化，更应该关注城市环境与人的良性互动。在方案推进过程中，通过现状调研和查阅文献，我对城市设计有了新的设计思路和思考方向。在文献中看到的许多有利于身心健康的设计手法，让我认识到，城市设计最终还是为人服务，当今应当更多地考虑人的心理健康问题。
最终的结果呈现可能还有很多细节考虑不周，原因在于对于城市中亲自然设计的理解还不够透彻，所做的设计还停留在表面。对于如何将城市中生态环境、自然景观与城市设计相结合，日后仍需学习和探索。

杨宏杰
YANG HONGJIE
中国 北京建筑大学
本科在读

通过本次城市设计的学习，我了解到生态环境在城市设计中的作用。其不同于以往的建筑周边的场地设计，在满足场地内居住者、工作者的生活需求以外，更应当关注人群长期生活在场地内的心理感受。生态环境的完整性，包括人为创造的绿地和现有的自然环境，不仅有利于加强地块的整体性，更为人群提供了一个良好的自然环境，以缓解人们日常的工作压力，营造良好的城市氛围。
在课程中，我学习了很多有益于营造积极情绪和缓解压力的设计手法，针对已有的城市空间，通过对景观和视线关系的处理，利用城市设计在心理、物质等方面的影响以改善人们的生活环境。

李健
LI JIAN
中国 北京建筑大学
本科在读

本次课程设计中，我们不仅注重地块内生态环境的友好，更重要的是关注环境对周边工作者、居民的正面影响。从居住者及工作者的角度出发，调动景观与视觉、听觉、触觉的互动，从而改变人们处于该环境中的心理状态。
对于自然，我们很难将其搬进建筑内，但却能通过一些方法使建筑内部与自然产生联系，从而使处于室内的使用者与室外自然产生一定的互动，也应该利用场地内现有的生态条件，创造更加优越的城市绿地环境。

赵玟瑜
ZHAO WENYU
中国 北京建筑大学
本科在读

在本次城市设计中，从开始的实地调研到最后课程设计结束时完成的图纸，我深深地体会到城市设计会给生活带来的变化，并且深刻地意识到景观环境、绿色建筑给心理方面带来的影响。
如今人们愈发关注生活环境中自然环境的影响程度，自然生态及绿色建筑已逐渐成为建筑行业发展的趋势，我们不能忽视建筑对人的影响，同时也更应该关心建筑以及周边设施、环境与使用者之间的联系。在解决了人们对建筑物质层面的需求后，我们应该进一步关心居民的心理健康。

北京城市副中心运河中心商务区城市设计

地景 · 叠翠

北京建筑大学二组

苏爽　苗足阳　贾昕宇　王子睿

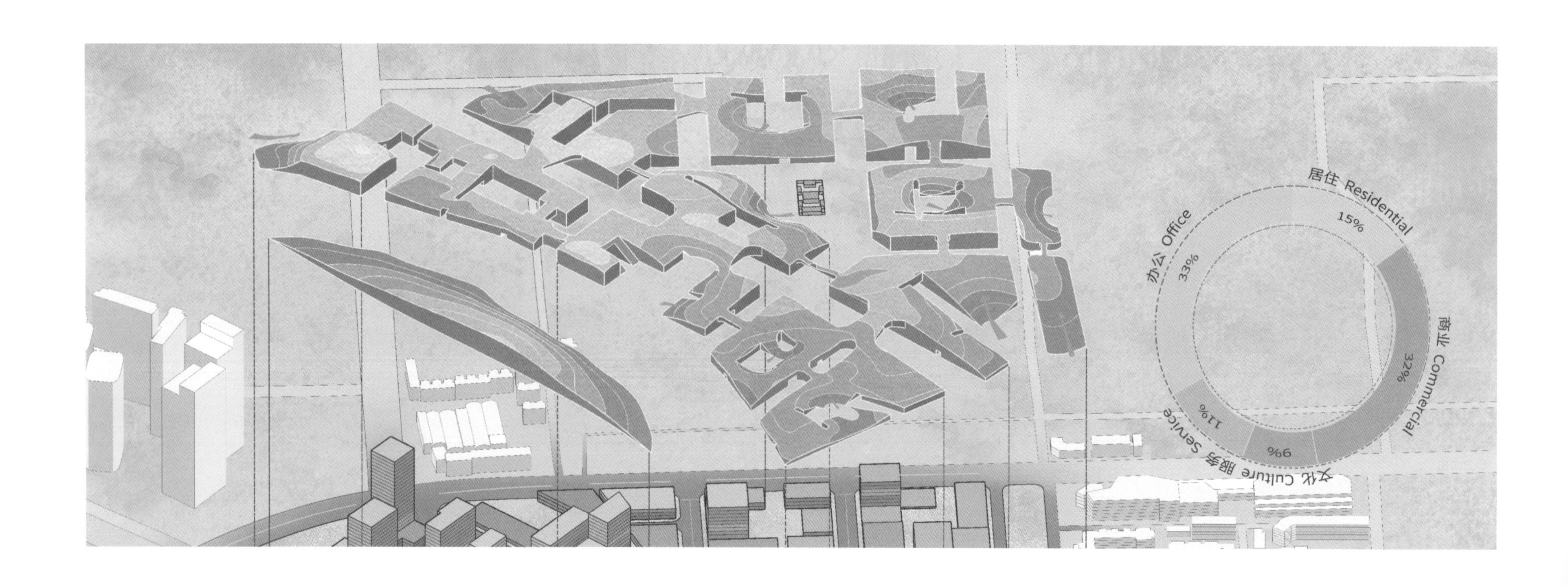

地景 · 叠翠 1

区位分析

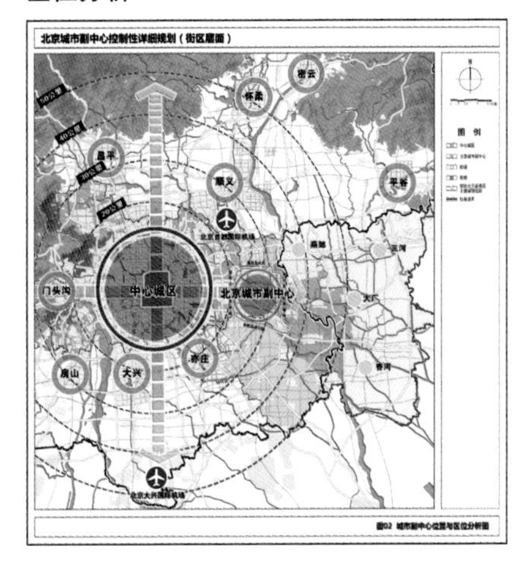

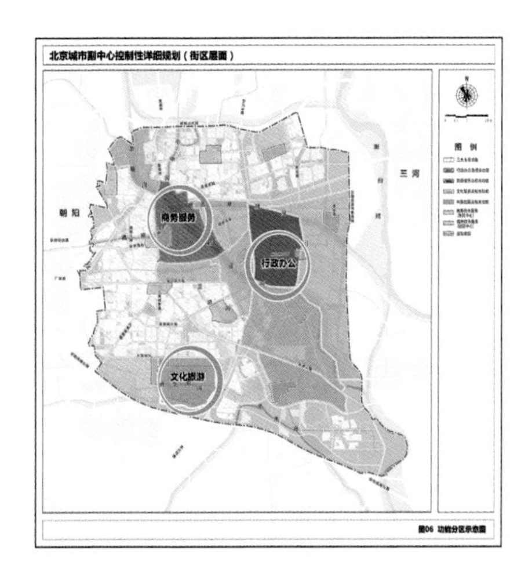

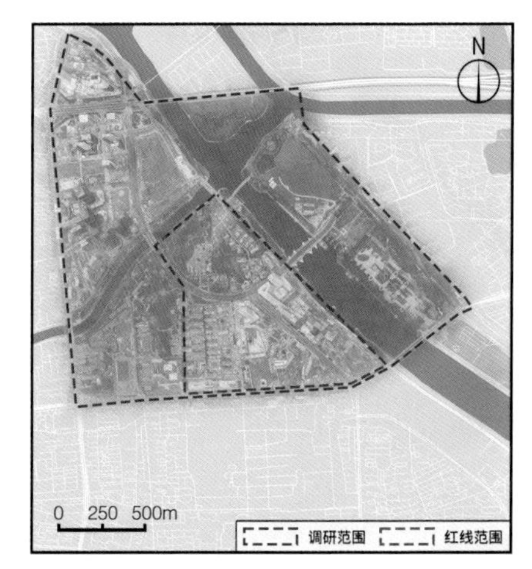

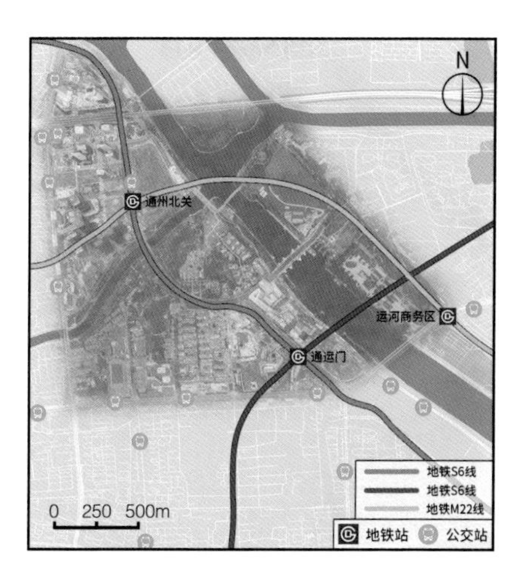

场地现状及 SWOT 分析

优势 Strengths

1. **历史文化**：作为历史上的古城，通州有众多的古建遗存，同时也有漕运、饮食等独特的地域文化。
2. **运河资源**：地处通惠河、北运河等五河交汇之处，滨水空间资源丰富。
3. **公共空间**：场地内的西海子公园景观丰富、设施完备，激发场地的活力。

劣势 Weaknesses

1. **商务中心**：商务区内商业和娱乐功能不足，无法吸引人流，缺乏活力。
2. **滨水空间**：运河的滨水景观单调，滨水活动形式单一，河岸与腹地关系割裂。
3. **老旧城区**：运河商务区和老城缺少对话，建筑尺度差距较大，关系较为割裂。

机遇 Opportunites

1. **遗产修复**："三庙一塔"、大光楼等建筑遗存得以保护和修复，还原古城历史风貌。
2. **运河商务**：大量高端商务与商业即将入驻，疏解首都功能，为副中心注入新的活力。
3. **公共交通**：地铁通运门站即将开通使用，增设公交站点和公共自行车存放点，便于人员的流动。

挑战 Threats

1. **古城记忆**：燃灯塔的地标性被淡化，如北大街这样的历史街道徒有其名，人们对古城的记忆逐渐淡忘。
2. **公共设施**：副中心目前仍在建设阶段，诸多公共设施还不完善，居民生活不便利。
3. **街区布局**：街区尺度失调，公共空间可达性比较差，没有完善的慢行系统。

地景 · 叠翠 2

场地文化背景与现状

运河文化

通州之名取自“漕运通济”之意，历史上是运输物资的交通要地。通州留下了一系列码头、桥闸、仓储、屯厂等与运河漕运相关的地名遗产，其地名记忆历经数百年，在运河两岸人们口耳相传之间留下了漕运时代独特的地域印记。同时，漕运的发达给通州地区带来了文化交流的便利，催生出多姿多彩的民间手工艺与饮食特色。

古城文化

通州古城的历史可以追溯到元大都建城时开凿通惠河，自此通州成为运河漕粮进入北京的门户之地。后至明洪武元年（1368年），通州因漕运兴起，筑城墙，设四门，门各有楼。明正统年间建新城，东连旧城，设二门，门各有楼，城墙高只及旧城一半。清乾隆三十年（1765年）拆去连接处城墙（旧城西门），两城合二为一，共有五座城门。至此，通州古城的形制最终确定下来。

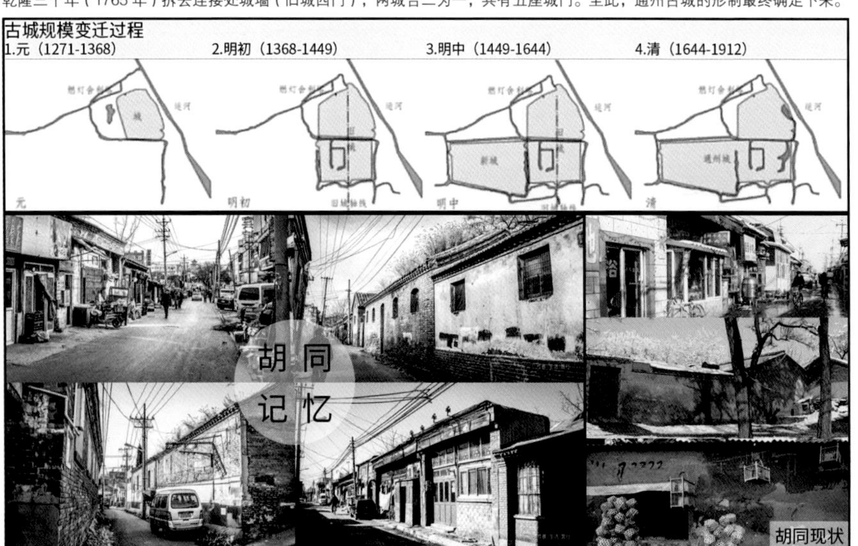

设计目标

1. 小街区密路网，构建慢行网络

构建连续、多级的步行及自行车网络，发挥步行、自行车在中短距离出行和公共交通换乘中的主体作用，满足市民通勤、休闲需求。

2. 营造宜人的街道空间尺度

结合街道功能加强街道空间的精细化设计，营造亲切的街道空间尺度和宜人的公共空间氛围。

3. 慢行道精细化设计

融合城市景观设计骑行道、跑步道和漫步道，提升区域品质，激发公共空间的活力。

4. 街道与滨水空间融合设计

解除河道两侧堤坝对城市公共空间的割裂，构建完整连续的慢行道，设置滨水的活动广场。

5. 打造林荫大道

有条件的交通主导类街道采用四块板断面设计，设置中央隔离带、机非隔离带和行道树设施带。

地景 · 叠翠 3

设计说明

本设计位于北京市通州区五河交汇的运河中心商务区。设计结合调研时的问题，依托现有轨道交通站点，打造生态城市的商业休闲门户，并辅助以低密度的住宅与办公开发。场地内的"一核多元"框架，有两条主要道路和一条场地内环路，把公共空间及功能空间串联起来，并与周边地区紧密相连且延伸。

地景与水系由生态韵律所引发，构成生态走廊。根据功能切割的地景结合视觉通廊连接道路与公共空间，在开凿和挖院中把部分中间院落通过退台的处理方式，让近地空间形成舒适的比例，并增加到达屋顶的路径。地景的空中步行系统连接设施与空间，部分独特的地景增强了该区位的可识别性，引导通向标志性建筑，构成生态环保的全覆盖步行系统。

高层建筑底层架空，建筑漂浮使得整体公共空间延续，每个地块顶部均为绿色公园，供人通行，侧面为活力丰富的商业界面。整体场地结合了可持续理念，形成了多元化的城市绿地生态结构网络。

商务区的发展历程

CBD 的概念最早产生于 1923 年的美国。现代意义上的商务中心区是指城市中集中大量金融、商业、贸易、信息及中介服务机构，拥有大量商务办公、酒店、公寓等配套设施，具备完善的市政交通与通信条件，便于现代商务活动的场所。

国外 CBD 建设已经比较成熟。纽约曼哈顿 CBD、巴黎拉德方斯区、加拿大多伦多等大都市已经在 20 世纪后半叶基本形成。国内 CBD 经历了建设起步和发展建设阶段，进入调整提高阶段。

CBD 的成功离不开以下四点：政府的鼎力支持、强有力的地方经济支撑、科学的功能区域划分和高效的交通网络。

城市功能策划图

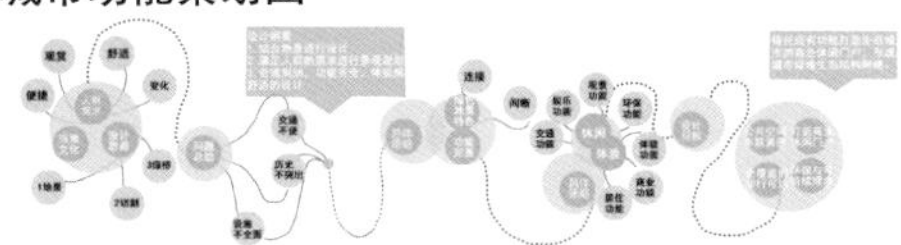

多形态的公共活动空间

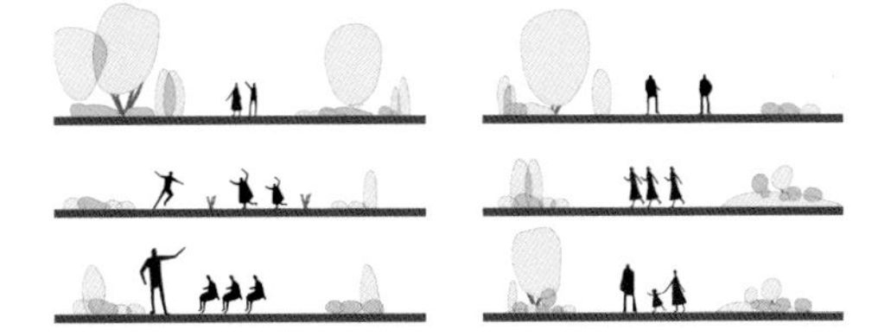

城市街道的生态系统

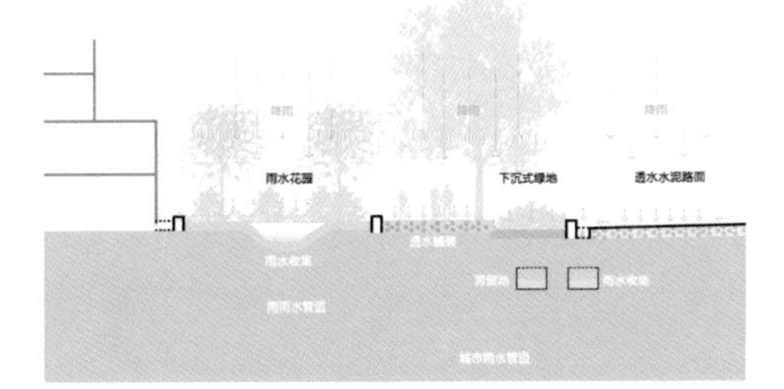

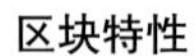

地景·叠翠4

区块特性

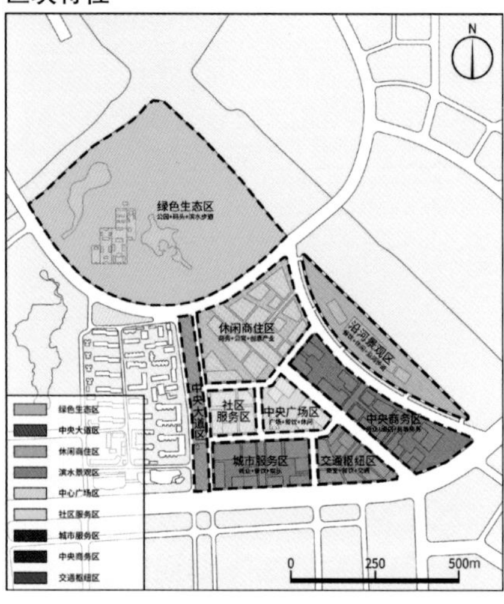

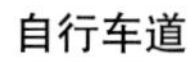

功能分区

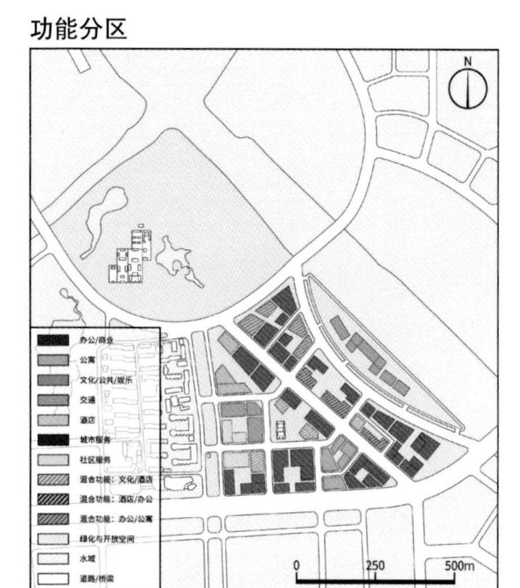

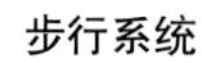

道路分级

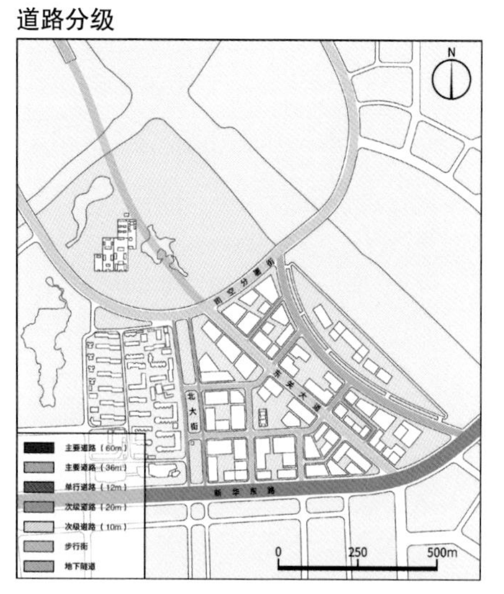

公共交通

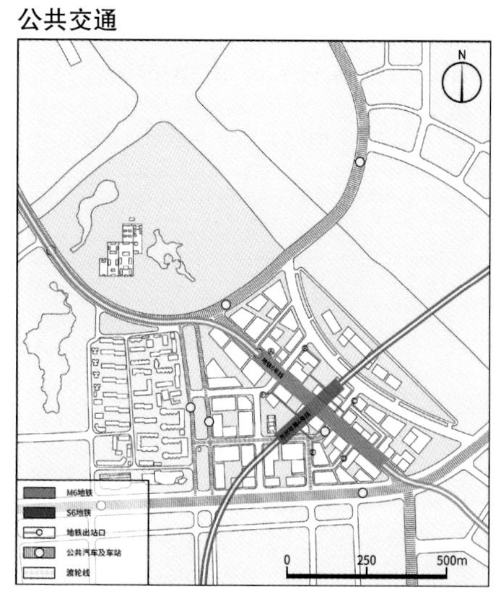

开放空间

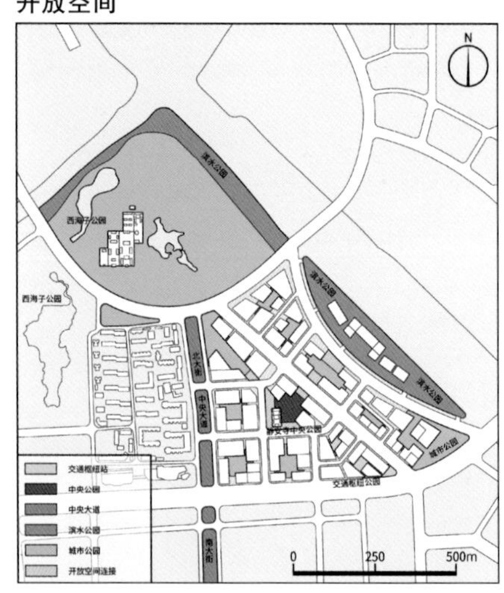

自行车道

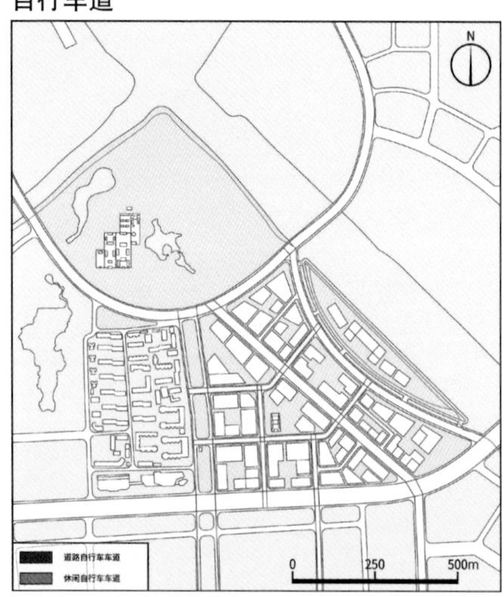

步行系统

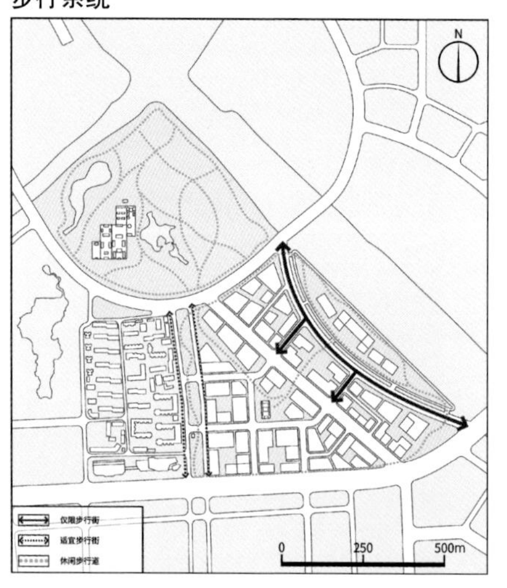

容积率

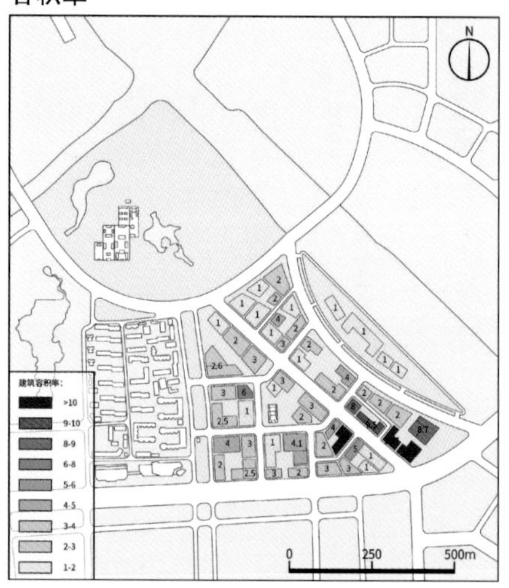

沿河天际线

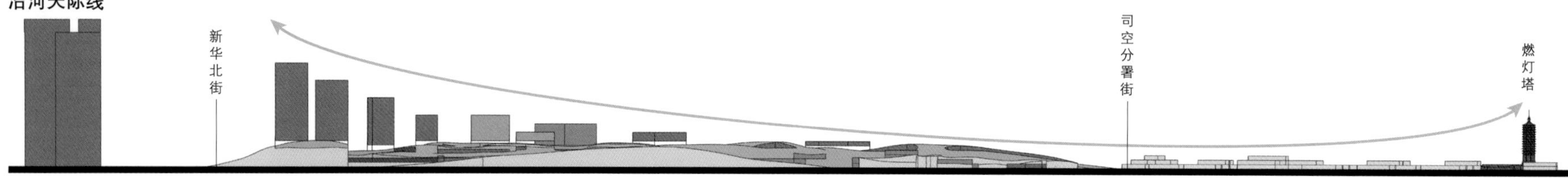

地景·叠翠 5

体块确立

细分地块功能，结合功能确立建筑体块。
对建筑进行切分，规划垂直方向功能并修改体块。

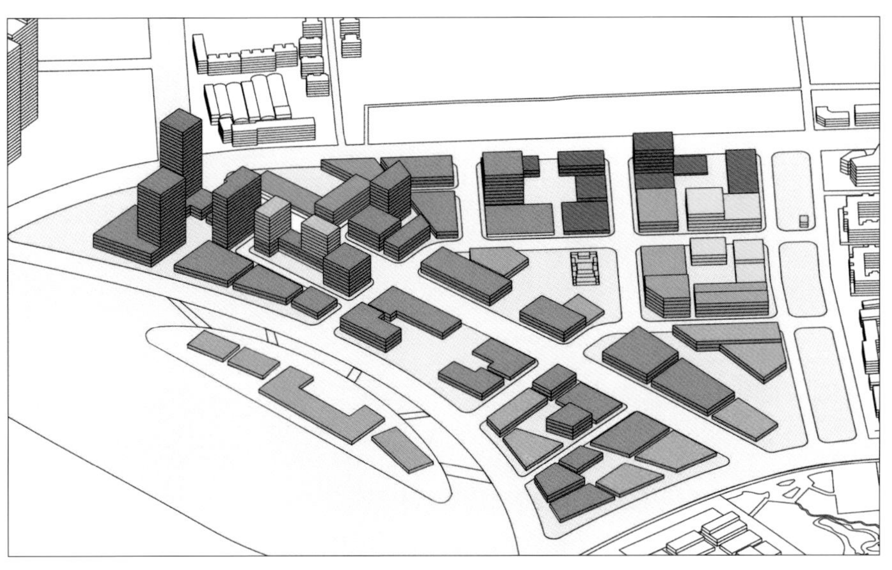

引入地景

依托现有的轨道交通站点，借助地景打造生态城市的商业休闲门户，低密度的住宅开发与办公结合其中，形成多元化的城市绿地生态网络。
地景增加公共空间并将其串联起来，亲近自然，塑造空间韵律，使周边地区紧密相连。

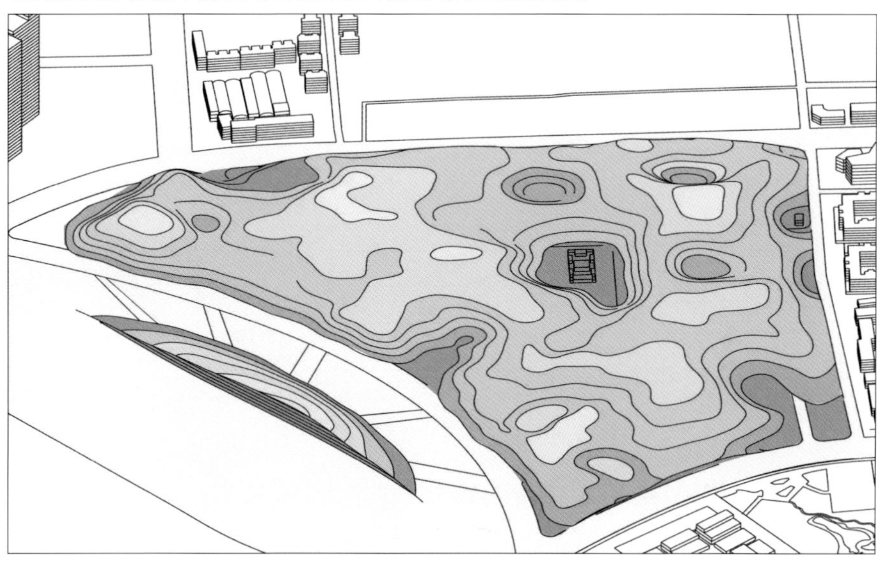

地景切割

根据功能对地景进行切分，规划覆土大小，切割边界，结合视觉通廊挖空道路和公共空间，采用绿桥连接。
在开凿和挖院中，部分高宽比过大的，通过逐渐退台的变化，让近地空间形成舒适比例，并增加可以到达屋顶的路径。

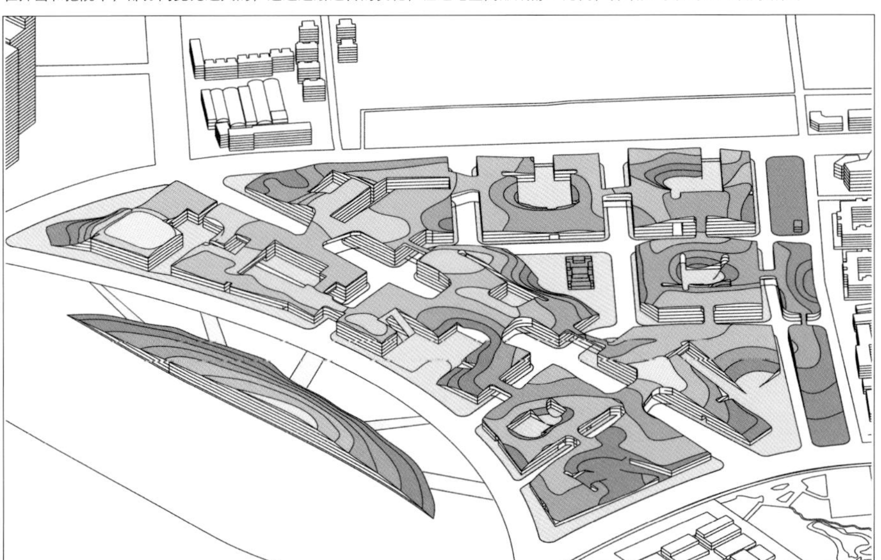

场地生成

根据功能和场地对建筑进行规划，高层建筑漂浮起来，使公共空间连续。
让高层空间和地景公共空间有机结合，亲近自然，融入自然。

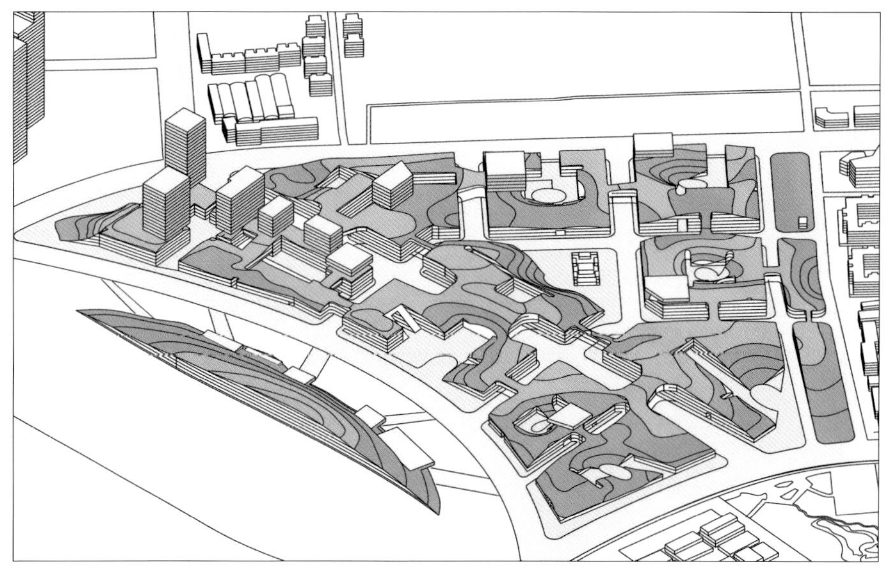

地景 · 叠翠 6

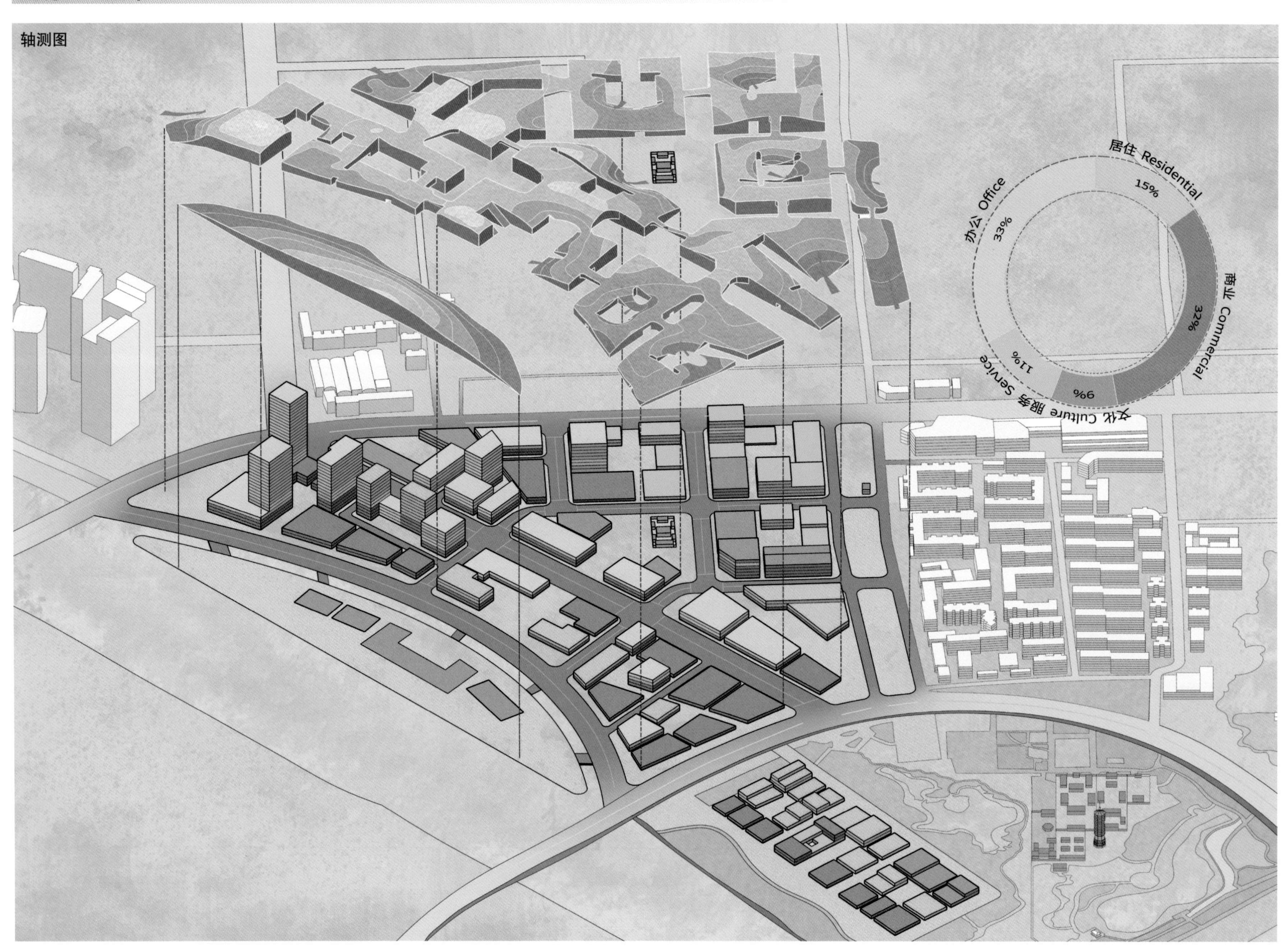
轴测图
居住 Residential
15%
商业 Commercial
32%
文化 Culture
9%
服务 Service
11%
办公 Office
33%

地景 · 叠翠 7

街道透视图

道路断面图

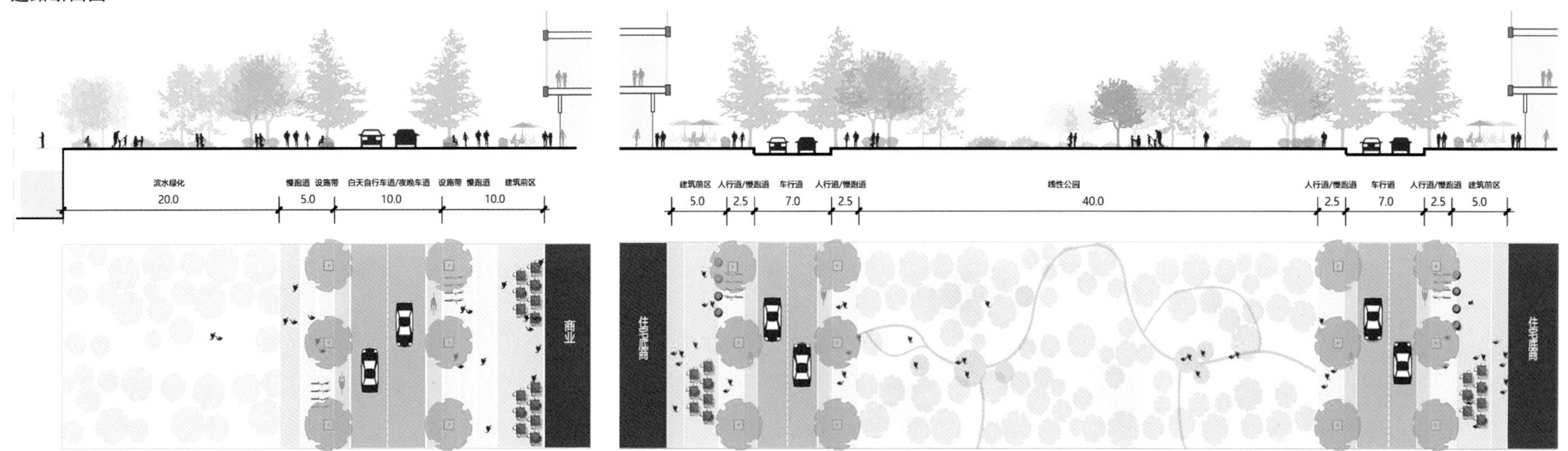

地景·叠翠 8

北大街效果图

小区道路效果图

小区公共空间效果图

滨水空间效果图

滨水分析图

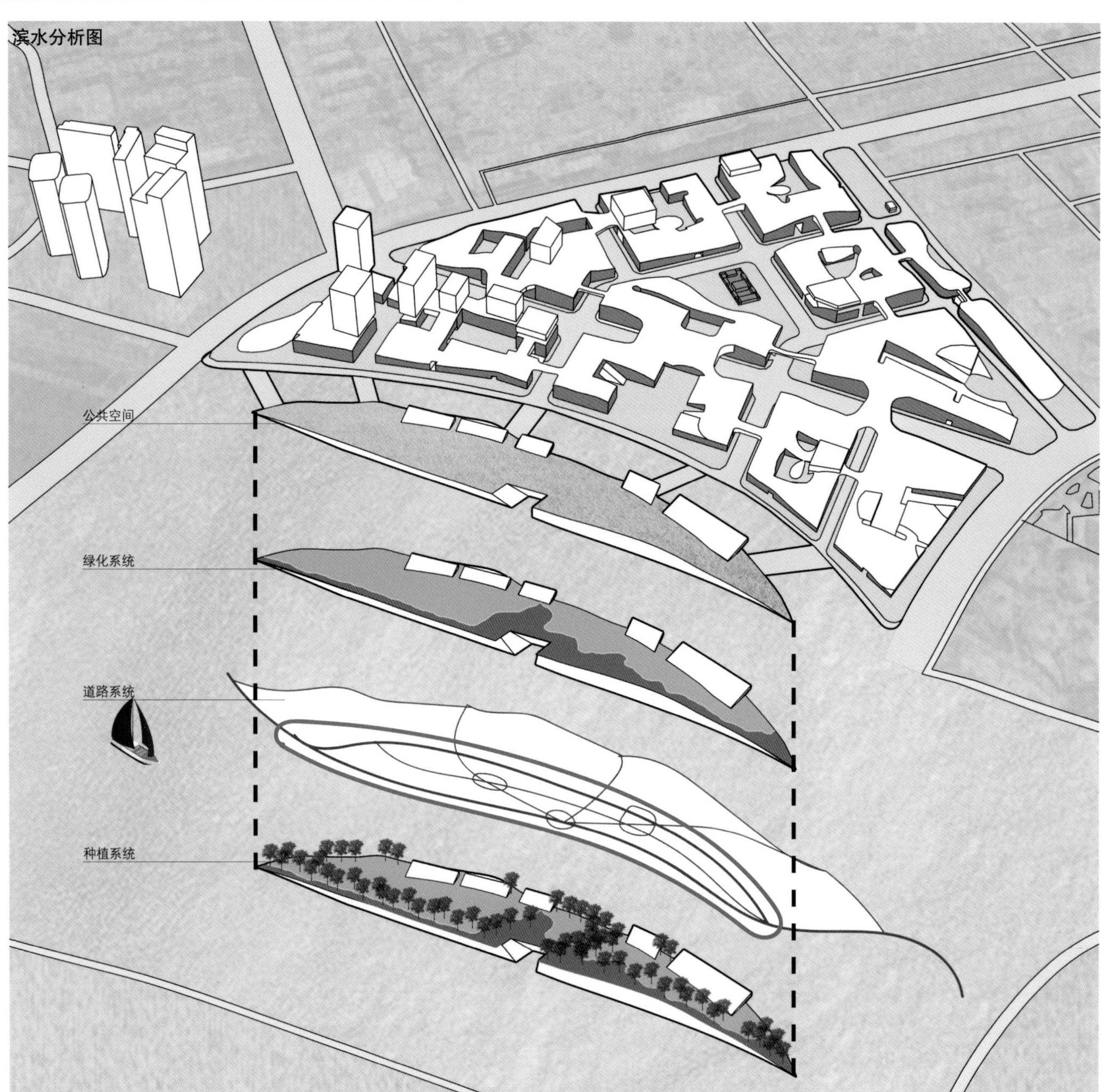

地景 · 叠翠 9

小组成员

苏爽
SU SHUANG
B.1999，北京，中国 北京建筑大学
本科在读
B.1999，Beijing，China
Undergraduate，BUCEA.

苗足阳
MIAO ZUYANG
B.1999，山西，中国 北京建筑大学
本科在读
B.1999，Shanxi，China
Undergraduate，BUCEA.

贾昕宇
JIA XINYU
B.1999，北京，中国 北京建筑大学
本科在读
B.1999，Beijing，China
Undergraduate，BUCEA.

王子睿
WANG ZIRUI
B.1999，北京，中国 北京建筑大学
本科在读
B.1999，Beijing，China
Undergraduate，BUCEA.

设计总结

本学期是我们第一次参加与其他学校的联合设计，也是真正做城市设计的学期。城市设计与建筑设计不同，城市设计要考虑城市尺度，而建筑设计只需要着重考虑建筑，思虑得少就相对好下手。由于开学比其他学校晚，在调研初期我们就发现工作量很大。

最开始的时候，我们认为城市设计有一定的规则，更加偏向上位规划类的规划设计，不太能放得开，但设计中老师告诉我们，城市设计也可以有自己的特色，所以我们引入了地景这个概念，地景串联公共空间。因为概念新颖，我们也很有做下去的动力，最终取得了较好的成果，虽然有不足的地方，但从中我们也学到了很多。

这次的联合设计因新冠感染疫情，除前期调研外都在线上进行，但我们学习的热情丝毫没有减退。发布了任务书后，我们就开始认真研读并制定了阶段目标。在这期间，我们练习并掌握了一定的城市设计方法，并在设计过程中同时考虑了绿色建筑原则这一层面。这学期我们已经是高年级学生了，查阅相关资料能力和思考能力也有所提升，联合设计也使我们更加明确了自己感兴趣的学习方向，获益匪浅。

最后，感谢各位专家和老师的悉心指导。

第4部分　院长寄语与指导教师感言

北方工业大学

张勃
建筑与艺术学院
院长

北方四校联合城市设计教学由山东建筑大学、内蒙古工业大学、烟台大学、北方工业大学共同发起并轮流主办，每次出版1册教学作品集，自2015年举办以来已完成了第一个四年的循环。第五届联合教学以“四校+1”模式特邀北京建筑大学加入，开始了又一个新的旅程。

作为本届联合教学的主办方，北方工业大学承担了题目选址和调研组织工作。通过与各校老师协商，将题目选定在北京城市副中心运河中心商务区。这一选题基于《北京城市总体规划》和“北京十大高精尖产业领域”背景，体现了人才培养方向与首都发展需求的紧密结合。

本届联合教学在各院校师生的共同努力下，取得了扎实成果。本作品集呈现的教学内容、教学过程和最终作业，可供各校观摩交流，更重要的是听取各界意见。恳请不吝赐教、批评指正!

联合教学在教学改革、师资梯队建设方面也不断开花结果，北方工业大学建筑与艺术学院“模拟设计院”教学模式的深化完善就得益于联合教学。

一届又一届的联合教学活动使各校师生结下了深厚的友谊，难忘交流互访的欢声笑语，难忘共同抗疫的帮扶鼓励，联合教学的收获是全方位、多层次、超时空的!

祝愿联合教学越办越好!

卜德清
建筑与艺术学院
指导教师

历经五年的联合教学活动，资源共享，优势互补，教学相长，打造了高水平的城市设计教学平台，形成了稳定交流的运行机制，实现了四校联合教学常态化。各校的教师与学生充分交流，开阔了视野，取得了良好的教学成果，积累了丰富的教学经验，创造了城市设计教学的典范，推动了各校城市设计的教学发展。各校城市设计的教学实现了从无到有、从薄弱到坚实、从局部到全局的转变，极大地提高了各校城市设计教学的深度和广度，使各校建筑学专业的城市设计教学进入到一个全新的阶段。在五校师生的共同努力下，本届教学取得了圆满成功。

王小斌
建筑与艺术学院
指导教师

“无恙蒲帆新雨后，一枝塔影认通州。”一年过去了，北方“四校＋1”联合城市设计学生作品集即将出版。回想起去年夏天，师生代表到北京通州新城集结调研，热情似火，激情昂扬！我们以东道主学校指导教师的身份用演示文件介绍北京通州副中心运河商务区基地的地理区位、历史文化、街区城市建筑现状、存在问题及未来发展机遇和目标，后来，各校师生以线上会议的形式汇报调研、中期成果与最后定稿方案。学生们以饱满的热情、细致的思考、创意的思维、诗意的表现交出了各自的答卷，为首都尤其是通州市民和政府提交了一份专业性的城市设计方案，可喜可贺！本作品集的出版也是联合城市设计阶段性成果，望各校师生再接再厉，精诚团结，培养出更多优秀的人才！

李海英
建筑与艺术学院
指导教师

京杭大运河北端，交通要冲和漕运仓储重地，五河交汇之处，燃灯佛塔之旁，五校学生在此汇聚，其创意、理念发生激烈的碰撞。在联合城市设计教学中，学生们拓宽了专业视野，激发了学习热情，教师们摸索前进，在前进中改变，在改变中历练。本届联合城市设计的开展正值新冠感染疫情防控的特殊时期，同学们克服困难，以饱满的精神交出令人较为满意的设计作品。希望同学们在今后的学习道路上始终秉持认真谨慎、实事求是的精神，希望我们的联合设计教学坚持下去，培养更多、更好的专业人才。前路漫漫，岁月悠悠，愿流年笑掷，愿未来可期！

胡燕
建筑与艺术学院
指导教师

通州是北京城市副中心，历史悠久，曾经是大运河漕运的交通要道，进京的物资、商贾均要经过此地。设计地块选择在五河交汇之处，周边历史遗迹丰富，设计元素众多。同学们集思广益，团结一致，认真调研，从实际需求出发，制定合理方案以解决相应的问题。此次教学活动是一次有益的城市设计探讨，也是一次教学与实践相结合的尝试。

山东建筑大学

仝晖
建筑城规学院
院长

时光荏苒，转瞬间，北方四校联合城市设计已经走到了第二个轮次，参与过最初共同学习交流的四校学生也已走向学习、工作的新阶段。面对新一轮次联合设计的作业成果，不禁让人感念这个联合教学活动带给各校师生的收获与拓展。

场景转换·地域体验：最初的四校轮值主持，带动各校师生经历了不同地域场景的体验与启示。从全国政治文化中心的历史积淀到西部地区兼具民族风情的广域场景，从胶东的滨海人居到鲁中地区的泉水聚落与历史文化名城，师生们体会到的不仅是设计场景的差异，也有人文视角和专业历程的差异。

结伴同行·相互支撑：合作也拉近了学校、教师、学生之间的距离，大家既是同行，又因为每个年度的专业交流，由陌生到相识，由相识到校际携手共筑，成为互为支撑的兄弟同盟，大家共同构建了密切关联的教学共同体。

资源共享·硕果累累：多校联合设计扩展了地域场景资源、扩大了教师资源、充实了教学资源。交流中我们收获了不同学校人才培养方案差异化带来的启示和思考，也汇集出累累硕果，促发了教研课题、教研论文和教学成果的层出不穷。

再添友校·勠力创新：新一轮次的联合教学，在原四所高校基础上又邀请了北京建筑大学建筑与城市规划学院加入，构建“四校+1”联合城市设计教学平台。优势友校的加入，拓展了教学思路，充实了设计内容，优化了组织形式，进一步强化了校际间多方互动！

此次城市设计选题“北京城市副中心运河中心商务区城市设计”，结合首都近期的重点发展方向，给参与师生提出了新挑战。各校学生在城市设计的分析角度、思考过程及设计实现方面形成了各具特色的回应。新的组合、新的维度，带来了新的思考、新的成果。感谢教学共同体中各校师生们的倾力参与和付出，期待接下来的联合设计教学能够带给大家更多的收获与精彩！

任震
建筑城规学院
指导教师

本次“四校+1”联合城市设计，克服了新冠感染疫情带来的教学困难，充分利用线上、线下混合式教学手段，打破时空限制，最终，师生们完成了精彩的作品，取得了令人满意的交流效果，开创了新型的教学模式，具有重要的节点意义！我们相信，这段经历将会给同学们留下美好的回忆！

周忠凯
建筑城规学院
指导教师

感谢本次联合设计主办方北方工业大学老师的辛勤付出和精心组织，设计过程中，各校老师和同学们展现了团结协作和执着进取的工作状态，取长补短、互通有无，呈现出各具特色的设计成果。希望同学们再接再厉，在未来的学习和工作生活中，不断超越自我，持续进取。

刘长安
建筑城规学院
指导教师

设计改变城市，城市让生活更美好。期待同学们在课程中进步，在协作中成长，带来更多精彩的作品。

张克强
建筑城规学院
指导教师

本届联合城市设计，由北方工业大学的老师提出了很好的设计选题，各校老师和同学付出了极大的热情和努力，很多同学能够对设计任务作出较为准确的解读和定位，进而提出了有针对性的策略和解决方案，呈现出不少精彩的设计作品，展现出各校的设计教学特色。希望联合设计教学能长期坚持下去，促进各校之间的更多交流。

许国强
建筑学院执行院长

北方四校联合城市设计从 2015 年启动，至今已经过去 7 个年头。联合设计聚焦城市设计，关注城市更新与改造，探讨城市空间与环境营造，多维度的教学模式和多元化的教学组织充分体现于设计题目、内容、过程、成果等联合教学全过程，互融互通应该是联盟学校、参与师生的最大收获。

多年的合作可谓过程精彩、成果丰富，四校师生投入了极大的热情和精力。本次联合设计以北京通州副中心城市设计为题,具有一定的挑战性。同时,联合设计活动受到新冠感染疫情的不断侵扰,各校师生克服重重困难，坚持联合教学的初衷，顺利完成了教学任务，推动着合作继续前行。着实感谢为联合设计辛苦付出的各位老师，也感谢各位同学的积极参与！

北方四校联合城市设计为参与学校协同融合提供了平台，师生相互学习借鉴，开阔了视野、积累了经验、建立了友谊。期待下一年度精彩继续，成果更加丰富！

段建强
建筑学院指导教师

城市设计是人居环境学科群中对专业知识和城市现实回应较为系统深刻的一个研究方向，也是建筑学专业本科教学中综合性较强的一个教学环节。北方“四校 +1”联合城市设计教学的成功开展，探索并为各校师生提供了非常好的研究教学模式及交流合作平台，也深化和推进了各校的城市设计专题教学。最为关键的是，各位师生在联合设计教学中的跨校协作、专业交流、思想碰撞开出了扎实的成果之花，也因此为大家留下了难忘的回忆、珍贵的友谊！

祝北方四校联合城市设计教学活动越办越有特色！

杨春虹
建筑学院指导教师

秋日的北京清爽宜人，古老的通州城焕发了新颜，来自五所大学的建筑学师生欢聚在此，开启新一轮联合设计。雨中骑着单车丈量城市，深夜线上、线下交流切磋，开放严肃的汇报答辩，紧张而开心的每一个场景都使人记忆犹新。新一轮的联合设计聚焦城市更新，关注城市特色展示、城市空间秩序建构与城市未来发展。开放合作融合了各校师生们不同思想的碰撞与交流，不仅为教学提供了更加广博、宝贵的参考与经验，也体现出每个人对通州历史、今朝和未来的深情解读、专业思考和由衷祝福。关注一座城，爱上一门课，联合一群人，共续一段情。祝愿联合设计持续发展、不断进步，也祝福每一位参与其中的师生受益多多，收获满满！

烟台大学

隋杰礼
建筑学院院长

北方四校联合城市设计教学已成为学校间相互学习、学生们展示自我的舞台。作为学院的管理者和教师，每次看到联合教学取得的成果和孩子们的进步，我都感到由衷的高兴。通过联合教学，我们收获良多，无论是命题选择、场地调研、教学答辩、学术研讨还是成果展示，我们师生之间、院校之间的友谊都得到了升华，互相学习，提升自我。

本次联合设计选址北京城市副中心运河中心商务区，题目涉及的人文景观丰富了设计的内涵，也增加了设计的难度。令人欣喜的是，各个学校的学生创新设计、匠心独运，把自己对城市设计的认知和在校学习的成果很好地展示出来。当然，这些学生的作业中也凝聚着指导老师的智慧，他们积极引领学生向更好、更高的设计高地攀登，帮助他们解决设计疑难问题，为他们指点迷津。

在本次联合设计结束之际，衷心祝愿我们的联合教学活动越办越好，教学组织越来越成熟，受益的师生越来越多。愿我们的联合教学能积极促进各高校的建筑学教学高质量发展。

张巍
建筑学院指导教师

新一轮的联合城市设计教学带来了新的题目、新的对象、新的认识、新的伙伴。通州作为首都的副中心，特质鲜明，给设计带来了全新的视角和机会。我们在教学中尝试了系统的设计方法，从用地、公共空间、开放空间、基础设施等城市空间系统展开设计，将视角贯穿在城市、片区、地块、公共空间及建筑空间多个尺度层级中，将城市活力的提升作为设计的基本目标，而非单纯关注形态和形式。在此过程中，从调研阶段的数据搜集、信息处理和分析，到设计操作阶段的策略与手段的研究，再到后期整合研究及表达的各个阶段，我和同学们与各校师生深度合作交流，互通有无、相互学习。这次教学活动给我们一个深入而全面地验证和反馈的机会，推动了城市设计及教学活动的开展。期待下次继续努力、共同进步！

温亚斌
建筑学院指导教师

参加联合城市设计，对我来说是一件非常荣幸的事情。本次“四校 +1”联合城市设计这个平台，使我们学校和其他四所高水平的建筑院校建立了更深入和更细致的交流，五校师生欢聚一堂，畅所欲言，就共同关注的城市设计问题进行探讨和研究，开阔了视野，厘清了思路，使我和学生们对于城市设计的基本设计思想和方法有了更深刻的认识和理解，也更深入地了解了现代城市在新时代发展中出现的新问题、新趋向。祝愿联合城市设计这个平台越来越好，在城市设计教学中发挥出越来越大的优势和潜力！

董晓莉
建筑学院指导教师

本次北方四校联合城市设计的选题非常有特色：独特的运河文化及遗产，儒、释、道共存的宗教文化，商贾云集之地，五河交汇之所，同时还保留了北京现代城市发展的文化历史脉络。城市设计聚焦城市更新，关注城市特色发展和活力，致力城市空间秩序建构与城市未来发展。设计成果丰富，教师交流深入，师生受益多多、收获满满，期待再一次的合作交流。

北京建筑大学

李春青
建筑与城市规划学
院副院长

城市设计是建筑学专业学生本科阶段的一次重要的实践教学活动，不仅反映了教师的教学水平，也展现了学生前三年大学学习的理论和设计能力。因此，本次设计是一次极具综合性的设计，甚至可以说是师生共同合作的设计。成果一直是我们所有人都期待的，也是能够反映一个学校、学院教学理念与教学水平的最终成果之一。这次的北方“四校 +1”联合城市设计教学，更是把五所兄弟院校的师生组织起来，大家就共同需要攻克的设计问题，相互交流，深入研讨，从不同角度、不同侧面、不同的对学科和专业的认识出发，展开了一次高峰论坛和设计探讨。也许同学们的设计方案还不够实用和全面，也许设计概念还是天马行空的畅想，也许设计目标还有乌托邦式的向往和追求，但这就是同学们青春岁月的努力前行，也是创新时代的勇敢尝试。不同学校的设计小组相互支持着，相互鞭策着，共同努力着，完成了一次富有挑战和激情的设计合作，也取得了优秀的成果。感谢所有的指导教师和同学，相信这次教学成果将会成为同学们学习征途上的一次重要成果，也是人生历程中走向未来的一个完美起点。

商谦
建筑与城市规划
学院指导教师

本次联合城市设计教学是一次难忘的回忆。设计选题是北京颇具潜力的地段之一，有遗产保护制约，有绿色生态内容，有传统城市空间秩序的融入，也有充足的新的发挥余地，可以说集研究性和创新性于一体，能体现北京城市发展的前沿领域和时代气息。设计成果也呈现出了来自五所学校的同学们对北京未来发展的丰富多彩的美好愿景。

城市设计本是塑造城市风貌、营造城市活力的必要手段，在建筑学本科教育中已经成为重要的领域和训练内容。而联合设计教学是非常好的教学方式，带来诸多启发。从教学理念上看，大家一起关注城市整体人居环境，畅想城市未来的生活模式；从教学方法上看，师生一起进行了大量的实地踏勘和头脑风暴，既有不同智慧之间的讨论，又有从整体城市秩序到街区再到建筑及广场的不同尺度的实操训练。这样的训练极大地拓宽了师生的视野，带来了教学内容的丰富性。

我很荣幸能有机会参与本次联合城市设计教学，也为在教学中能够跟各所学校的师生一起碰撞出思想的火花而感到收获满满。感谢各位老师和同学，祝愿大家未来更上一层楼。

铁雷
建筑与城市规划
学院指导教师

作为习惯于单体设计的建筑学专业学生，首次接触到较大规模的城市设计题目时，普遍存在“究竟要做什么”的疑惑，显得无所适从，而面对这种情况，如何有效地教授这一尺度下城市设计的主要设计内容和设计方法，作为指导教师，我也在不断地摸索中。非常幸运能参加这次联合设计，五校合作不仅为学生提供了交流学习的平台，也为我的教学提供了很好的学习、交流机会，受益匪浅。感谢同学们的努力和各位老师的付出。